U0173193

The Unique World

方　寸

方寸之间　别有天地

纪念罗斯玛丽·斯塔克

〔英〕
斯图尔特·沃尔顿　Stuart Walton
/著

艾栗斯
/译

魔鬼的晚餐

THE DEVIL'S DINNER

A GASTRONOMIC
AND CULTURAL HISTORY OF CHILI PEPPERS

改变世界的
辣椒和
辣椒文化

社会科学文献出版社
SOCIAL SCIENCES ACADEMIC PRESS (CHINA)

THE DEVIL'S DINNER

Text Copyright © 2018 by Stuart Walton

Published by arrangement with St. Martin's Press

Simplified Chinese edition copyright © 2020 by Social Sciences Academic Press

All rights reserved.

目录

导　言

在本书开篇时，"埃德冒烟的卡罗来纳死神"（Smokin'Ed's Carolina Reaper，后文简称"死神"）已正式成为世界最辣。[1] "死神"是一种由南卡罗来纳州普客·布特公司（PuckerButt Pepper）培育的辣椒。近百年来，人们习惯采用史高维尔指数（简称SHU）来衡量辣椒的辣度。比如，麦基埃尼公司（McIlhenny）的塔巴斯科辣椒酱（Tabasco）*，辣度指数在2500—5000 SHU，而经过温斯洛普大学的测试，死神辣椒能达到1569300 SHU。史高维尔采用的是稀释法，即把死神辣椒的粉末（或提取物）在糖水里稀释150万倍，才不会感觉到辣味。而若是你不经稀释直接用舌头尝试"死神"，它的辣味会刺激你150万次。

死神辣椒外形小巧可人，一身红衣犹如急诊室门口的指示灯。外皮娇嫩、微皱的椒身在末端逐渐变得尖细，宛若黄蜂毒刺。它属于方形灯笼椒，看起来跟一只迷你甜椒并无二致，但在入口之后却有天壤之别。一颗死神，能把你全身上下的细胞都点

---

* 塔巴斯科辣椒酱在中国的官方名称为"辣椒仔"，但为易于行文表达与理解，本书中仍采用音译名称。——译注

燃，而甜椒的 SHU 为 0。20 世纪 60 年代，当甜椒开始出现在北欧地区杂货食品店时，有许多消费者先入为主，以为甜椒之味必是又辛又辣。因为，从他们鼓起勇气初尝辣椒之味以后，关于辣椒的一般印象就一直挥之不去。甜椒是红色的辣椒，而红辣椒就应该被做成塔巴斯科辣酱，或是被加工、装进贴着"辣椒"标签的小罐子里。辣椒，是加一点就能让鸡蛋更易下肚的调味，也是第一次试着做炖菜时，想要加入一点的暖心"诱惑"。

只有在早期的亚洲和西印度群岛的食品杂货店里，才有可能买到整颗辣椒。有勇气光顾其中的客人也只有中国人、印度人，或是加勒比人。时至今日，大部分超市的货架上都能见到辣椒的身影。虽然有人仍坚持某些古老的关于辣椒的谬论，比如最小的辣椒最辣，最红的辣椒最辣，或是所有的辣味都来源于辣椒籽，但有一点大家都心知肚明，如果想做墨西哥菜、泰国菜或是印度菜，少了辣椒可不行。

与辣椒出现早期遭遇的紧张感不同，现代社会兴起了一股辣椒热。这股热潮不仅深深扎根于美国南部，还在整个国家"开花结果"。辣椒节日、有关辣椒的学术座谈，以及各式辣椒酱产品层出不穷。从熟食店到快餐连锁店的菜单，这些辣酱制品都随处可见。辣椒热运动同样席卷了英国，辣酱活动常和年度美食盛会结合在一起，诸如吃辣椒比赛这样的活动接连不断。总有些拼了命去勇猛吃辣的小团体，他们在吃辣赛场上的一举一动都牵动人心，风头堪比国际网球巡回赛的顶级球员。

辣椒，曾经让英美人闻之色变，如今却成了一门大生意，同时也是一门博大精深的文化。新墨西哥大学成立了专门的辣椒研究机构。这个机构曾在 2006 年负责鉴定出当时世界上最辣的辣椒——印度鬼椒（bhut jolokia）。印度鬼椒是东印度群岛一带辣椒的杂交品种，其辣度相当于普客·布特公司最优品种（即后来的死神辣椒）的三分之二。此外，该机构还致力于一项工作，那就是希望厨师也好，食客也罢，一提到辣味烹饪美食和饮食文化，浮想出的画面里就少不了辣椒。托他们的福，有关植物育种的各项年度会议和研究项目已将这项工作列入其中。人类的种种努力旨在同化、融合辣椒文化，其目的与辣椒的原始警告信号背道而驰。辣椒在进化中释放出的警告哺乳动物远离它们的辣味，变成了人类的上瘾之物。

辣椒文化是一场精神对生物体本能的胜利——蔑视消化道的不适。如同烈性酒精饮品，辣椒总能带来即时的感官愉悦，但随之而来的是一浪接一浪的痛苦。决堤的懊悔总能从各种各样的辣椒受难者那里爆发出来。这些遭罪的人可能：尝了哪怕一小块剁椒，切完辣椒以后不小心揉了眼睛，用切过辣椒的手指去戴 iPod 耳机，或者手碰过辣椒之后又立马去上厕所。网络论坛给这些遭罪的人提出了不少应对建议，对最后一种特殊情况的建议是：涂一些酸奶在受到影响的器官上，或者更有创意但不一定有效的方法——将灼烧部位暴露在空气里，走出家门，迎风奔跑。然而，以上这些遭遇都不能阻挡辣椒狂热者对它的向往，嗜辣之痛只会

xii

让他们更起劲。

辣椒正在经历一场变革，从食物——无论是仅仅作为食物中的调料或原料，或是一道象征性的菜，比如西方人都熟悉的辣肉酱（chili con carne）——转变为一种生活方式。食物，本身的功用是维持生存或者提供营养，但辣椒早已抛弃了这些功能和意义，成为一种变革性的经验。文化在个体自由与受控物质的社会颠覆性之间暧昧地撕扯，辣椒运动成了美食版的"上瘾亚文化"。"辣椒运动"一切合法，只要沉迷的对象是辣椒，而不是被提取的纯辣椒素。2011 年 1 月，欧盟把辣椒素列入食品添加剂禁止清单，因其过量摄入有可能致癌。但辣椒文化的核心就在于食用者心甘情愿承担吃辣的风险，哪怕他们的消化系统软组织和整个肠胃因此受到刺激。这也促使辣椒的制造竞赛持续升级，不断杂交培育出辣味更足的辣椒。为了满足毒品上瘾者，合成化合物的新毒品不断出现，强度逐渐增大，而每一个辣椒新品种问世的原因也与之相似。一些科学研究者甚至发表声明，嗜辣本身就是一种瘾。遵循与药物毒瘾同样的模式，最开始的刺激会产生条件反射的愉悦，但激发愉悦的阈值会逐渐提高，最终原有的辣度已经不能满足神经的需要，身体渴望更辣的刺激。

毫无疑问，以上论调会让那些风靡百年的嗜辣文化感到困惑。一场泰式宴会通常以一碗冬阴功汤开场，轻酌入口，第一秒就会毫不留情地锁住你的味蕾，舌尖纠缠其中再也别想松开。

年卜拉（nam pla，一种鱼露）的咸辣逼喉，酸橙汁、柠檬草的酸辣直抵头皮，就连马铃薯，也被一大把细细磨碎的红辣椒粉浸染，发出灼辣的热浪。紧随这种"生化武器"上桌的菜还有更劲爆的吗？有，后续菜肴里，吱吱作响的辣椒只会越放越豪迈。

不丹是位于喜马拉雅山脉的一个小国，有时也被称为世上最后的香格里拉。在那里，辣椒不仅是一种调味品，也是咖喱菜肴的主要食材，还包括当地由软奶酪制成的传统食物（如国菜奶酪辣椒 [ema datshi]），就以辣椒为主菜。辣椒也会被制成辣椒腌菜，用于一餐之后的爽口提味品。大约 18 世纪，辣椒通过印度传到不丹，并且逐渐被不丹人接受。不丹人对辣椒的全身心热爱不仅超越了印度，甚至超越了世界其他任何地方。在不丹，辣椒被叫作 sha ema，1 公斤（即 2.2 磅）的采购量，是当地一个小型家庭一周的最低消耗。

无论老幼，不丹人以辣椒为重头戏的饮食习惯让他们充满活力。即使一边吃辣椒，一边被辣到泪满衣襟，他们也在所不辞。不丹人从婴儿时期起，娇嫩的味觉就开始适应辣椒了。吃下的辣椒能在体内产生热量，对于高纬度地区过冬的人们来说，这几乎可以"续命"。同时辣椒还能刺激出汗、有效排除体内毒素，最重要的是，不管是不丹人还是韦拉克鲁斯（墨西哥城市）人，或是中国四川人这样的无辣不欢者，都会告诉你：吃辣会让你充满能量。辣椒可以点燃身体热量，释放快乐源泉，对于食物来说，这难道不比让你吃撑更重要吗？在空气稀薄的廷布一带，位于世界海拔顶端的河谷地区，寡淡无味的食物就代表资源匮乏。

在西方，辣椒运动已经如组织烧烤或是自己熨烫衬衫一样，越发成为一件彰显男人气概的事。竞技性比赛全靠人类好胜的本能支撑，而好胜本能会随着年龄与腰围的增加成比例地下降。食用带有明显危险性的食物（比如辣椒），对人类而言足够刺激，更不用说那些紧张的体育赛事或是极限运动了。在一些吃辣比赛中，不乏巾帼不让须眉者，不过女性参赛人数远不及男性，个中缘由或许值得一探究竟。从男性思维看来，愿意把自己的机体交给哪怕只有 50SHU 的滋滋烤炼，也不失为一种男子汉气概。而女性通常难以理解这一切的意义。

当然，这场超级热门的赌注里，每一位新晋选手与辣味老饕们的吃辣感言不尽相同。英国农民杰拉德·福勒（Gerald Fowler）完成了一件几乎不可能的事。2011 年，他在位于北部坎布里亚（Cumbria）县、常年多雨的自家农场里，成功种植了一种名为娜迦毒蛇（Naga Viper, 1382118 SHU）的辣椒。品尝辣椒之后，杰拉德面带和煦笑容，发出的代表性感言是"辣到脱层皮"。而在《马克西姆》（Maxim）杂志关于尝试卡罗来纳死神辣椒的一篇文章里，以身试椒的记者史蒂芬·莱卡特（Steven Leckart）给出的比喻是"像被撒旦正面侵犯"[2]（"……可能"，他忘了加上这个词）。毕竟，这些皱皱小小，身怀 150 万 SHU 的辣椒还能拿来做什么呢？死神辣椒的培育者埃德·库里（Ed Currie）建议，你只能跟其他人一样，把它放进辣酱或萨尔萨酱（Salsa）*里，作为调味基底，然后祈祷上天能对你的舌头好一点。

　　从哥伦布时代起，辣椒在世界各地快速、持久地传播，势不可当，成为见证全球化过程的食物之一。这足以引发一系列深入思考——作为一种配料，它的辣味在进化之初只是为了警告食用者。难以想象如果辣椒缺席世界美食会发生什么，就如同难以想象这个世界上没有糖会怎样，糖也曾培养了一批为之疯狂的"嗜糖者"。虽然糖最初是精英口味的标志，但进入系统的规模化生产后不久，制糖业就因卷入不断扩张的奴隶贸易，酿造了人类历史上的一大悲剧。而辣椒凭借其自身的特质在全世界所向披靡。辣椒植根于本土美食和农民的饮食中，为他们带来酣畅淋漓的辛辣滋味和丰富的营养成分。也许在奥匈帝国慢火熬制的炖菜与炖汤中，辣椒的炽热能被驯服一点点，而在蒙古的饮食中，它仍然炽热闪耀。沙俄帝国东正教僧侣的饮食规则严苛，而辣椒的加入让他们放松了一些。辣椒，也在黎明时分的中国粥和越南菜中唤醒人们的味觉。对于生活在天寒地冻的北方地区、爱吃辣椒的人来说，辣椒还可以加进伏特加和杜松子酒里，喝一口更有热辣的后劲。今天甚至有辣椒威士忌、辣椒啤酒，以及辣椒利口酒，都争做辣劲最足的那个。辣椒味的空气清新剂让你在走进起居室或打开汽车门的瞬间提神醒脑。比如，蒂埃里·穆勒（Thierry

---

*　墨西哥菜肴中常用的烹调和佐餐酱料，一般用番茄和辣椒制成。——译注

Mugler）的天使男士（A*Men）香水是一款给人留下持久印象的男士香水。香水的主调是咖啡和香草的浓烈诱惑，而加入其中的丝缕辣椒味则仿佛在证明，无论这位男士的外表如何温文尔雅，内心都是火热的。

第一次美洲探索后运往欧洲的辣椒，可能是一年生辣椒（*Cápsicum annuum*）的一个变种。辣椒作为食物存在的形式千变万化，它可以用油、醋或盐整颗腌渍，也可以干燥以后磨成辣椒粉。就像红辣椒粉（paprika）或西班牙甜椒粉（pimentón）一样，为炉火上的汤和炖菜添一点热辣的风味。辣椒被接受的过程颠覆了之前香料传播的历史轨迹。以往异域香料多因为社会精英阶层的喜好而发展成一种上流社会的饮食风尚，也由此抬高了身价，然后再慢慢地传播到平民阶层，成为普罗大众也能负担得起的日常消费。一开始，辣椒在欧洲贵族的饮食中并未形成潮流，直到 18 世纪中叶，辣椒在不断的培育过程中，自身辣度在人为的作用下大幅下降，才逐渐为欧洲人所接受。辣椒以这种"去势"的方式，成为法国美食混合香料中的一种次要成分。在意大利，精心培育的辣椒被抽离了辣味。味道温和无刺激的灯笼椒广泛种植，用于意大利辣椒小菜（peperonata）、法国巴斯克番茄甜椒炒蛋（piperade），以及西西里岛上的蔬果什锦菜（caponata）。

辣椒最吸引人的地方在于它的颜色，尤其是大多数辣椒品种成熟后所带有的那种鲜艳红色。辣椒的红色在烹饪时也不会变得黯淡，由此给其他看起来平淡的食物（如米饭）带来一抹让人欢欣鼓舞、生机勃勃的色彩。在辣椒传入之前，欧洲还从未有过如此鲜红的蔬菜。如果一定要说什么食物也能起到提亮的作用，最接近的可能就只有甜菜根了，但甜菜根的颜色最多是一种不易变色的墨紫色，而不是像辣椒那样燃烧般的猩红色。当然欧洲也有红色的水果（严格意义上说，辣椒不仅是一种蔬菜，而且也算是一种水果），但在蔬菜领域，还没有任何食物能与辣椒引人入胜的颜色相匹敌。欧洲人自古以来就将红色与火焰、危险、愤怒、鲜血、身心创伤等联系在一起，而这种颜色所代表的文化又将辣椒变成了一腔热血、脾气暴躁，以及危险的性诱惑的象征。关于究竟如何用希波克拉底和盖伦的体液学说来解释辣椒的使用方法，曾有过不少争议。一些饮食权威人士坚持认为，既然辣椒被用作香料，那么应该算是热性的，脾气暴躁的人最好不要吃。另一些人则认为，由于辣椒本质上来说是一种水果，因此算是凉性的，所以那些忧郁型或黏液型体质的人应当避免食用。摇摆的天平最终倾向了前一种观点，正如墨西哥纳瓦人研究员托马斯·J.伊巴赫（Thomas J. Ibach）所解释的那样，辣椒与"热"的相关性早就存在于其发源地的萨满教医学系统中。"无论是传统还是现代医学，有时都会依据药材的颜色或味道给人带来的感受对其进行分类。所以那些颜色呈红色或粉红色，能给食用者带来灼热或刺激感的食物通常被归类为'热'（hot）性食物。"[3]

xviii

欧洲殖民者一开始并不认可当地土著人把辣椒归为催情剂的习俗。比如，阿兹特克人就曾把辣椒与可可豆和香草混合在一起，制成一种据说能迅速见效的催情饮品。但到了 16 世纪，欧洲人已经开始把辣椒和性联系起来，认为辣椒能刺激男性的性欲，并且辣椒"热"的本身也是性欲的一种象征。直到 19 世纪的西班牙，仍能偶尔听到牧师谴责那些把辣椒酱加入食物的人，因为牧师认为辛辣的食物会诱发肉欲。显然，牧师的警告并未影响辣椒在当时世界各国的地位。辣椒中的个别品种甚至能长成阴茎或睾丸的形状，加上它们又常常被制作成辣香肠，由此被认为是典型的男性食物——人类早期浑然天成的壮阳药。如果辣椒能激发性欲，让人找回年轻时的雄激素，那么它们当然也能用来治疗性冷淡。所以在巴斯克人的婚礼上会点燃辣椒，为的是祈求新人早生贵子。有一个印度品牌的避孕套，香型是辣黄瓜味（achaar）的，相信辣椒油味的避孕套应该会让欣赏它的人性致盎然。还有一种看似虐待狂的做法是在避孕套上涂满辣椒油，这比滴蜡或轻微电击要激烈得多，也充分证明了辣椒的热辣与性之间的联系，刺痛与快乐就像正反手一样无法分割，在痛苦中达到快乐的高潮。[4]

我承认，目前还没有把辣椒带来快乐的各种方式都亲身体验一遍，不过我还是挺期待通过吃辣椒来感受那种辣过之后的喜悦，哪怕这个过程看起来极具挑战性。现在，我面前就摆着一种加勒比辣椒酱（这种辣椒酱 65% 的构成来自苏格兰帽辣椒和哈瓦那辣椒），SHU 约为 10000，是塔巴斯科辣椒的 5 倍。这种辣椒酱可以直接用作调味品或蘸酱，也可以搭配其他食材，当作菜

xix

肴烹饪时的原料或腌料。

让我们尝一勺试试看吧！辣椒最初为口腔带来一种水果味，有点像成熟的热带水果那样美味多汁。但当我试着把辣椒吞下去的短短几秒，最开始的美好滋味迅速让位于闪电般的灼热，疼痛感像是长了脚，从我的舌尖出发，一路直达我的喉咙底端。这感觉有点类似于在传统的加勒比酱里面放了一点芥末，由此带来酸醋味的刺鼻感，但很快，这些体验就被一种扑面而来的感觉彻底压倒——我的嘴里好像被人灌进滚烫的液体，即使把辣椒咽下去之后，舌头前半部的灼热感觉也丝毫没有缓解，反而愈演愈烈。在我吃下辣椒差不多3分钟之后，这种针刺的痛感变得更加严重，完全难以忍受，像是受了重伤亟须治疗。这时我喉咙里的灼烧感已经有点缓解，但减少的那一小部分转移到了我的嘴唇内侧，而我的舌头感觉已经被辣破了。如果我试着用舌头绕着自己的嘴轻舔一圈，两边伤口的疼痛就会在剧烈的电光火石间爆发出来。5分钟过去了，热辣感还没有减弱，并且现在我的鼻子开始流鼻涕，呼吸也有点上气不接下气。我能想象，自己的舌头前半截看起来应该更红了。灼烧感！我唯一能做的只有大口喘气让风通过像在燃烧的舌头。终于，差不多在我吃下一勺辣椒10分钟以后，紧紧抓住我的灼烧感才以非常难缠又缓慢的告别姿势一点一点松开、消散。

要分析辣椒这种食物的效果，所涉及的不仅仅是口味问题。辣椒确实有自己的味道，一种结合了辣味、酸涩味和果味的味道，但辣椒的味道更像是一种感觉，一种直接作用于口腔的触觉。辣椒常摆放在盘子的一侧，供人们把其他食材蘸入其中后食用，由此辣椒能将与其融合的食物的味道改头换面。食物的原味还得以保留，但整道菜肴的风味基础已经从本质上改变了，在辣椒主导下给食客留下了深刻的感官印象。辣椒既是立竿见影的调味品，也是令人难忘的体验。而且，与其他许多受欢迎的食物不同，每一次吃下的辣椒都令人难忘。

本书是对世界上用途最灵活多样、受到人们最广泛欢迎的香料——辣椒，以及围绕辣椒的植物学、烹饪历史、社会文化等方方面面的一次全面探索。

关于拼写问题

辣椒一词目前在英语里有三种拼写方法。其中，"chili"这种写法在美国占据主流，而在英国及其他英语国家，则习惯把辣椒写作"chilli"。另有一种"chile"的写法，因为带有浓郁的西班牙风格，在美国西南部各州备受青睐，并在中南美洲西班牙语系国家里指代"辣椒"。由于这三种拼写的词源都来自前哥伦布时代的纳瓦特尔语（Nahuatl），而纳瓦特尔语本就是一种刻画在动物皮上的象形文字，所以并没有关于这些拼写谁更正统的特别争论。在本书中，凡是提到辣椒，除了引用或组织名称如辣椒研究所（Chile Pepper Institute）等个别情况，我们统一使用"chili"这种拼写方法。

第一部分

生物

1
我们最爱的香料
有关辣椒的一切

辣椒是一种多年生草本植物，品种繁多。最高株可达 24 — 36 英寸*高，外观如同葱郁的灌木丛。辣椒是茄科家族的一员，其成员还包括土豆、番茄、茄子，以及其他的茄科作物。辣椒枝叶平滑，沿各个经脉交替抽芽，叶片形状呈全缘（矩圆状卵形）或矛尖状（如矛尖一样顶端逐渐尖细）。花开时，结出白色或浅紫色钟状花冠，且拥有五个雄蕊。辣椒果实，光滑无缝，从圆形浆果到颇具特色的长辣椒，形状各异，外皮纤薄，中间胎座内附着数量众多的种子。依据品种不同，成熟的果实或绿或黄，或橙或红，甚至有紫罗兰色和深棕色。如果离开热带环境种植在温带地区，辣椒有可能从多年生转为一年生，而种植的有些辣椒品种，

---

*　1 英寸 =2.54 厘米。——译注

仅作为观赏、装饰之用。

野生辣椒植物的确切发源地究竟在哪儿？是一个历史谜团。
通过鉴定远古时期的垃圾堆和陶瓷制品中的残留物，我们可以得
知，早在公元前7000年的墨西哥一带，人类就已开始采集野生
辣椒并将其用于烹饪。而人工培育辣椒的历史则最早可以追溯到
公元前5000年。证据的发现点覆盖了包括今天普埃布拉、瓦哈
卡，以及韦拉克鲁斯在内的墨西哥东南部地区。这些驯化植物是
野生辣椒的后裔，而野生辣椒的最早发现者是蒙古游牧民族。在
上一个冰河时期，亚洲与北美洲之间的白令海峡曾出现过北方陆
桥，蒙古的游牧民族正是借此从亚洲来到了美洲。在这些人一路
南下穿越亚热带大陆，进而到达热带区域的途中遇见了一大批可
以食用的野生植物。由此开始，包括辣椒在内的植物逐渐被纳入
人类狩猎采集的食物清单中。

最终，定居在中美洲、从事农耕的人类开始种植辣椒，但除
此以外，没有其他证据可以表明中美洲是辣椒的发源地。如今，
古植物学家认为，辣椒是从南美洲内陆（很有可能是位于巴西中
部，被称作"塞拉多"[Cerredo]的广袤热带草原）通过自然力
量的散播传入中美洲的。在这股自然力量中，鸟类起了决定性的
作用。它们先在辣椒原产地以辣椒为食，然后向北迁移，旅途中
一路排泄出辣椒种子。通过这种方式，辣椒的生长区域从发源地
逐步扩散到中美洲地区。不同于哺乳动物，鸟类对辣椒的灼热并
不敏感，吃辣椒时也不会嚼碎辣椒籽。所以辣椒种子在鸟类的消

化系统中走完一圈后，还可以完好无损。

有证据表明，辣椒的种植范围主要分布在南美洲北部的大部分区域，以及巴拿马和加勒比海以北的巴哈马一带。2007年2月，《科学》（Science）杂志刊登了一篇考古文章。文章作者来自琳达·佩里（Linda Perry）领导的史密森尼国家自然历史博物馆的一个团队。根据他们的发现，早在公元前4100年左右，即使在远离原始种植地的区域，辣椒也已开始系统化地栽培和烹饪。也就是说，在如此早的时期，人类就已经开始将这种植物的人工种植经验从一个地区传播至另一个地区，并很有可能开展了有关辣椒的贸易。众多考古遗迹中，与玉米沉淀物一起被发掘出来的还有辣椒，这说明在远古人类早期的饮食体系中，已经出现了一种将谷物加工和辣椒烹饪结合起来的饮食系统。

这一时期，人类已经开始栽培四种各具特色的野生辣椒。如今，大多数辣椒品种还都属于以上四种之一。种植最多的是一年生辣椒（Capsicum annuum），包括墨西哥辣椒（jalapeño）、卡宴辣椒（cayenne）和波布拉诺辣椒（poblano），以及地中海美食中那些不太辣的甜椒。而以上这些都算是美洲当地野生辣椒（bird pepper）的远亲。而最早的野生美洲辣椒今天仍自然生长在加勒比、墨西哥和哥伦比亚的土地上。说完了一年生辣椒我们再来说一说灌木辣椒 （C. frutescens）*。灌木辣

---

* 也叫小米椒。——译注

椒主要包含大部分泰式辣椒（Thai pepper）品种，以及塔巴斯科辣椒（tabasco）、皮里皮里辣椒（piri piri）、马拉盖塔椒（malagueta）、马拉维的小山羊辣椒（kambuzi）、印度尼西亚卡宴辣椒（Indonesian cabai rawit）和小米辣（xiaomila）等。小米辣是中餐烹饪中最常用到的辣椒之一，主要分布于中国西南部的云南省。而黄灯笼辣椒（*C. chinense*），很可能是灌木辣椒的后裔。尽管它的拉丁名字被翻译成中国辣椒，但和所有辣椒一样起源于美洲（这个谬称得归咎于 18 世纪荷兰植物学家尼古劳斯·冯·雅坎 [Nikolaus von Jacquin] 的疏忽。由于辣椒在中国遍地种植、广泛食用，雅坎就以为辣椒是中国本土产物。但其实中国辣椒最早是从欧洲进口的，是 16 世纪由欧洲商人和探险家带去的）。黄灯笼辣椒包括的品种繁多，其中有一类"帽子辣椒"（bonnet pepper）尤其出名，包含来自加勒比群岛的可怕的苏格兰帽辣椒（Scotch bonnet）、特立尼达莫鲁加毒蝎辣椒（Trinidad moruga scorpion）、黄灯笼辣椒（yellow lantern）、哈瓦那辣椒（habanero）和印度鬼椒。下垂辣椒（*C. baccatum*）的系列里既有广泛食用的阿吉辣椒（aji），也有不那么出名的外来种辣椒，如柠檬辣椒（lemon drop）和巴西海星辣椒（Brazilian starfish）。

第五种人工栽培的辣椒——茸毛辣椒（Capsicum Pubescens），是迄今为止种植最少的一种辣椒，也可能是古代美洲原住民唯一不甚了解的辣椒品种。它得名于其多茸毛的叶子，与近亲们大不相同的是，作为一种栽培植物，茸毛辣椒从未在野外生长过。这种辣椒主要分布于秘鲁、玻利维亚和墨西哥，在以上地区分别被称作罗佐（rocoto）、罗克多（locoto）、曼扎诺（manzano），而最后一种名称的意思是"苹果"，因为茸毛辣椒成熟的果实形状看起来与苹果很像。

除了被视为一种主食，辣椒在古代也很可能巧作他用。辣椒，特别是成捆辣椒燃烧时产生的辛辣气味，能让某些吸血类昆虫避而远之。因而在阿兹特克文明和玛雅文明时期，人们广泛使用辣椒熏蒸来进行房屋清洁。辣椒也是中美洲地区药典里必不可少的一剂。泰国和印度餐馆里，就餐者如果遇到鼻腔阻塞的问题，常常会很有经验地点上一道带辣椒的菜，因为热香料在清除鼻腔阻塞上效果奇佳。今天我们知道辣椒富含铁、钾和镁，以及维生素 A、大量的 B 族维生素（特别是 B_6）和维生素 C。在遥远的过去，没有现代饮食科学能为辣椒的丰富营养佐证，但只要稍做观察，就能发现经常吃辣的人往往身强体壮。种种迹象表明，辣椒似乎早已在当地饮食中占据一席之地。它属于为数不多的在高海拔地区仍能良好生长的作物之一。干燥后即使经过数月寒冬，果实中的辣味依存。关于辣椒，考古学家还有一个惊喜的发现。他们在很多考古发掘出的烹饪容器上，发现了辣椒植物的微量元素，从而证明辣椒早已在当地丰富多彩的日常饮食中大显身手。辣椒常出现在一种叫作油嘴壶的容器里。油嘴壶本质上来说是一种斟酒器，可以将瓶内的液体倒到较小的容器中——这表明，辣椒曾作为调味品加入一种或几种饮料里，还有可能调成酱汁，以肉块蘸着食用。

辣椒植物适应力强，在大部分气候环境里都能应对自如。不同环境下选择哪种辣椒进行培育，由当地种植者说了算，而他们做决定的依据，主要是看哪个品种的辣椒能在当地生长环境下表现更为出众。公元前 1000 年左右，当时称作阿拉瓦克人（Arawak）的族群开始了他们历经千年的大迁徙，从南美洲东北部地区迁移到加勒比岛屿——特立尼达、小安的列斯群岛和海地岛（也就是今天的海地和多米尼加共和国）。随他们而来的还有热带辣椒品种，这些品种至今仍广泛种植在气候炎热的美洲南部腹地，后来在南美洲和西印度群岛一带普遍被称为阿吉（aji），很可能属于下垂辣椒。在之后的某个阶段——确切时间不得而知，又一个辣椒品种开始从美洲中部被运往西印度群岛。该品种更适合在温带气候条件下繁衍生息。它的名字来自墨西哥本地阿兹特克人的纳瓦特尔语，他们将辣椒称为 Chili；也就是从那时起，辣椒这个词在西方世界逐渐流传开来（经年累月，纳瓦特尔语最终通过西班牙人的传播，为欧洲语言贡献了多种食物的名称，诸如番茄、鳄梨和巧克力等）。

驯化之初的辣椒是什么样的？在科考事实的指引下，我们可以做出一个有根据的猜测。植物历史学家认为，广为人知的一年生辣椒品类下的墨西哥奇特品辣椒（chiltepin 或 chiltecpin），可能是所有驯化的辣椒品种的最古老的祖先。奇特品辣椒至今仍在中美洲和南美洲的广袤地域，以野生状态自然生长，足迹甚至遍布美国南部。在墨西哥西北部的索诺拉省，以及亚利桑那沙漠南部的山区地带，每年一度的秋冬季野生辣椒采集都是一项繁重劳动。墨西哥奇特品辣椒果实小巧，有的外形浑圆，有的则略呈椭圆。成熟时果色由橙转红，属于辣度较高的品种。它的名称同样来自纳瓦特尔语，词根 tepin 的意思是"跳蚤"，指的就是它小巧的尺寸。尽管貌不惊人，但它的辣度却像被跳蚤咬了一口那样刺激，登记在册的辣度指数在 10 万 SHU 左右（关于辣椒辣度指数的完整解释，请参见本书第 17—19 页）。不同生长阶段的辣椒，入口时的辣度也不尽相同。青涩的果实最为温和，常用醋腌后调味食用；刚采摘的熟透果实，对味觉的冲击显著增强；整颗干燥的辣椒果，辣度又进一步提高；辛辣感最强的是被刮掉辣椒籽后制成的干辣椒果。墨西哥人用"掐"（arrebatabo）这个形容词来描述辣椒的作用效果，指一种突如其来、来势汹汹的攫住感，同时也表明尽管辣椒的辣味够刺喉，但来得快去得也快，不会在口腔留下挥之不去的灼热感。

　　在某些地区，辣椒曾经似乎只为部落精英阶层专享，是酋长和长老们专属的精致食物，而非普通百姓的日常食品。考古学家在墨西哥西北部和美国西南部发掘出由铜、绿松石和水晶制成的奢侈珠宝，同这些奢侈品一起出土的，还有烧焦了的辣椒种子。这样的考古发现并不足以证明底层居民一定不吃辣椒，但却足以证实，辣椒是由特权阶层所引导的生活方式中不可或缺的一部

010

分。然而，大规模人工种植辣椒发生在 16 世纪初期以后，是西班牙殖民者到来之后的事。所以墨西哥奇瓦瓦州那些古老的垃圾堆里挖掘出的辣椒，可能是西班牙人到来以前，专为满足社会上层人士而进行的非常有限的种植。

在一定的区域范围里，辣椒曾荣登上层阶级的食谱，这也预示了它随后将在当地更广阔的人群中传播，并迎来更广阔的应用前景。在本书第二部分，我们会对以上过程展开详述。通过简单的易货贸易，辣椒逐渐成为一种货币。而几个世纪以来，它在阿兹特克人、托尔特克人、玛雅人和印加人的神话中扮演着一种比食材更为崇高的角色。如果要回到遥远的史前时代寻找辣椒栽培的种种解释，我们不妨想象一下，这些辛辣、炽热的小豆荚出现以后，会对其他食材产生哪些前所未有的影响。在哥伦布时代到来以前，美洲大部分地区的标准饮食体系里主要包括玉米、豆类和南瓜。与这些营养丰富但又特别温和的食物——谷物、豆类和葫芦科的果肉——截然不同的是，辣椒辛辣的灼热完全改变了人们以往的饮食体验。它们也有助消化的作用，在食用辣椒时会促进含有丰富淀粉酶的唾液的分泌，淀粉酶有助于将淀粉类食物中的糖分解，变成更容易被人体吸收的葡萄糖。辣椒，过去是，现在也是一种重要的调味品，像盐一样不可或缺，被视作神赐的礼物。没有辣椒的生活黯淡到难以想象，这种唯恐失去辣椒的恐惧感，在早期历史中一度曾将辣椒抬高到神圣的地位。

辣椒的味道咄咄逼人，因此特别适合在早期质朴的神话故事

011

里扮演战斗和防卫的角色。它们曾被用来驱赶恶灵，当然更多的时候是用来驱赶庄稼地里的害虫，同时辣椒还用来防治蛊害，即防止"邪恶之眼"——来自敌人的恶意的影响。西班牙人把干辣椒串成辣椒串，挂于房子的外墙上或当作项链，像是罩上一层精神盔甲，来抵御魔鬼和吸血鬼的侵袭。在欧洲文化中，类似这样的象征性护身符是由同样具有强烈气味的调味品——大蒜来承担的。

然而，无论是把辣椒普遍用于烹饪，还是赋予辣椒以象征意义，人类对于辣椒的态度都与一个外在的事实恰好相反。辣椒的生物组成（辣味）其实是在告诫人类和其他哺乳动物，它其实并不想被吃掉。那么，辣椒是如何进化出如此富有攻击性的防御机能？人类又是如何克服了来自辣椒的警告，而将其尽情享用的呢？

012

辣椒是如何变辣的

辣椒的辣味来自辣椒素，这是辣椒生物组织中天然自带的一种物质。包括人类在内的许多哺乳动物，如果身体组织接触到辣椒素，就会产生一种灼烧感。这种灼烧感会让人觉得身体的某一处组织正遭受或轻或重的损害。产生这种感觉的原因在于哺乳动物体内有一条被称为瞬时受体电位（TRP）的通道。一旦辣椒素与此通道结合，虚假警告信号就会立即自动激活。信号欺骗了生物体，让生物体误以为自己的机体正在承受 108 华氏度（42 摄氏度）左右的燃烧。在下一小节里，我们将更详细地研究这一效应的生物学功能，不过就目前而言，我们需要首先阐述清楚的一个问题是，为什么辣椒植物会进化出这样的防御机制，以及它们是如何进化出这种防御机制的。

辣椒素最大的功能在于阻止哺乳动物来觅食，避免动物的牙齿在进食过程中磨碎辣椒籽。毕竟辣椒种子一旦被破坏，辣椒就不能继续发芽繁衍。而鸟类由于没有瞬时受体电位通道，所以对辣椒的灼热并不敏感。鸟类吃掉成熟的辣椒果，辣椒果进入鸟类的肠胃，经过一番消化吸收以后，辣椒种子却完好无损。时机成熟时，完整的种子随着鸟类的排泄物传播到各地，由此得以繁衍。这一传播的过程也是辣椒从南美洲的家乡向北传播的过程。不过一个有趣的问题还没有得到解释：是什么使一些辣椒品种产生辛辣滋味，而另一些辣椒却没有那么辣？

2001 年，由约舒亚·图克斯伯里（Joshua Tewksbury）教授领导的一个研究小组在野生辣椒的原始腹地——玻利维亚东南部进行了一项开创性的研究。[1]约舒亚教授认为，也许不是啮齿动物或鸟类的觅食行为促生了天然辣椒素，真正的幕后功臣来自一类被称为真虫的半翅目昆虫（蝉、蚜虫、叶蝉以及其他同类）。这类昆虫以野生辣椒为食，它们用尖针刺穿辣椒的果皮，摄取果实里的汁液。然而，似乎与哺乳动物一样，真虫对辣椒素很敏感。初步调查显示，如果一些辣椒的滋味实在强劲，它们就会选择避而不食。图克斯伯里研究小组发现，辣椒的辣度越低，被昆虫咬噬刺伤的概率就越高。这种明显的高度关联性背后，又有着怎样的推论？

当辣椒被昆虫咬破或刺穿时，热带地区常见的潮湿环境使得空气中的真菌乘虚而入，感染了被咬破的植物。入侵的真菌在果实种子上形成了菌群。如果植物自身不能形成防御机制，它的处境就将岌岌可危。辣椒素就是在这种情况下诞生的。在辣椒素的攻击下，植物体内的真菌难以生长。图克斯伯里团队在实验室再现这一过程后得出的结论也印证了这一点。越来越多辣椒素的引入让霉菌存活的机会也随之减少。气候干燥的区域里，空气湿度更低、昆虫数量更少，因此不那么辛辣的辣椒数量就更多，因为那里的植物无须产生过多的防御机制去抵抗真菌。与之相对的是，越潮湿的环境就会有越多的昆虫，给辣椒造成的损伤也越大，随之而来的是辣椒植物可能感染真菌的概率也大大提高，由自然进化而来的辣味品种从而也会越多样。

这就意味着，甚至早在鸟类和哺乳动物开始参与辣椒的进化进程之前，一种融合了当地气候条件、昆虫和自然界真菌的系统，就已经开始决定哪些辣椒植物会结出辛辣果实。并且也很有可能早在远古时期，当地的土著人就发现虫洞越少的辣椒可能辣味越重。于是他们开始据此采集野生辣椒，然后种植这些品种，并将其纳入自己可以吃的食材范围。

到底是什么东西引诱了人类，让他们对热辣的辣椒如此着迷？难道这些最早的采食者在食物选择偏好上就像现代的美食评论家一样，有着自己独特的品味吗？这一假设未免过于离奇，相比之下，有一种相反的解释听起来更为实际。这个解释是，早期的美洲人通过自己的观察选择向辣椒靠近。或许他们已经发现，那些尝起来更辣的辣椒品种很少含有，甚至是基本不含有真菌。换句话说，类似这样的辣椒天生带有内置食品防腐剂。在温控食品保存还没有成为现实之前，辣椒的抗菌特性不仅有助于保存辣椒本身，还有助于保存任何与其混合存放的食物。辣椒的这种特性，使其在储存食物尚不便利的年代大显身手，同时也有医学上的意义。食物中的微生物感染是导致严重疾病甚至死亡的常见凶手，直至今天，在保鲜技术特别落后的地方，微生物感染仍然可能带来致命的后果。而由于辣椒中的辣椒素是对抗感染的良药，因此可能是在接近辣椒的过程中，人类逐渐适应了辣椒的滋味。如果以上来自图克斯伯里团队的猜测不假，那么辣椒被人类驯化，以及辣椒最终的传播，就是人类和植物在进化过程中步调一致、共同和谐发展的一个很好的例子。

辣椒素

辣椒素是使辣椒产生灼烧感的主要化合物。这种化合物是辣椒六种相关成分中最热、最流行的一种，统称为辣椒素类物质。辣椒中大约 70% 的热量来自辣椒素。如果某种辣椒有平均辣度值这种东西的话，那么纯辣椒素的辣度差不多是哈瓦那辣椒辣度的 100 倍以上——大约 1600 万 SHU。

19 世纪初，人们尝试分离辣椒中的活性成分，且进展迅速。1816 年，瑞士研究员克里斯蒂安·布霍尔茨（Christian Bucholz）从西班牙干辣椒中分离出了一种化合物。因为提取物来自辣椒属，所以布霍尔茨提议将其命名为 *Capsicum*。整个 19 世纪 20 年代，德国、法国、丹麦和英国的科学家都致力于分析辣椒素的成分，也取得了不错的成果。不过真正的突破得等到 1876 年，这一年英国化学家约翰·克拉夫·思雷什（John Clough Thresh）提取出接近纯净状态的辣椒素，并将其命名为"辣椒素"（capsaicin）。而完全纯净状态的辣椒素直到 1898 年，才最终由德国科学家卡尔·米科（Karl Micko）成功分离出来。《生活必需品和奢侈品调查杂志》（*Journal for the Ivestigation of Necessities and Lwxuries*, 这名字听着颇具诱惑力）刊登了卡尔的发现。1919 年，美国化学家 E. K. 纳尔逊（E. K. Nelson）的研究揭开了对辣椒素的化学组成和结构的面纱，紧随其后，他的同事斯蒂芬·福斯特·达林（Stephen Foster Darling）联合奥地利研究员恩斯特·施佩特（Ernst Späth），在 1930 年首次制成人工合成辣椒素。到了 1961 年，日本科学家又发现了另一种类似辣椒素的化合物。

有一个广为人知的说法，绝大部分辣椒素藏在辣椒籽里，所以通常情况下西方厨师会将辣椒粗粗切段，并将大量辣椒籽加到制作的菜肴中。在面饼上撒满墨西哥辣椒段与辣椒籽，是比萨配料中最常见的一种形式。事实上，除了让菜色看上去有点凌乱，辣椒籽对辣味的贡献微不足道。辣椒一被切开，里面的籽就可以刮掉了，而辣味不会有任何损失，因为大部分的辣椒素都集中在辣椒筋而不是辣椒籽里。辣椒筋就是把辣椒籽固定住的那几道白膜，但由于辣椒籽与辣椒筋紧密相连，不可避免地会吸收一些辣味。所以那些告诉你为了保持辣度，在处理辣椒时不要刮掉辣椒籽的食谱也没有完全说错。去籽不伤筋有点难，不过也不是完全没有可能。但是，想通过去掉辣椒籽摆脱辣椒的辣味是徒劳无功的。辣味为什么会集中在辣椒筋中，主要原因来自植物的生物进化。当辣椒自身进化出辣椒素来对抗真菌时，生物进化会选择将辣椒素集中在最有可能产生霉菌的部分。当然，辣椒自身的果肉中也有一些辣味。切一小段，用舌头尝尝，你就会发现这一点。如果烧菜时把整颗辣椒都放进去，菜吃完以后你可能还是会觉得辣。这种比平时感受更深刻的辣味里或多或少都有辣椒筋的功劳。

纯辣椒素是一种部分结晶化合物，无色、无味，呈油质或蜡质。在大西洋两岸，购买液体或晶体的辣椒素都是合法行为，但2011年1月，欧盟禁止将辣椒素用作食品添加剂，不过欧盟并未禁止用辣椒素生产的精油。辣椒素的包装上须严厉警告，处理辣椒素时应该佩戴保护性手套，同时为眼睛提供遮蔽。做菜时加纯辣椒素，哪怕只是一小滴，也可能带来非常严重的后果。那你还能用它来做什么呢？

测量辣椒素

无论是人工品种还是野生辣椒，各个品种之间的辣椒素含量都大不相同。在科学界，这一生物学特性叫作多态性。鉴于此，或迟或早，人们都必须得设计出一套辣度的测量系统将各品种辣椒的辣度标示清楚。1865 年出生在康涅狄格州的西南部城市布里奇波特的美国药剂师威尔伯·林肯·史高维尔（Wilbur Lincoln Scoville），发明了第一套关于辣椒辣度的测量系统诞生了，并没用至今。1912 年，他在底特律的派德制药公司工作时，设计出了一套后来被称为"史高维尔感官测试"（Scoville Organoleptic Test）的实验方法来测量不同种类辣椒里辣椒素的含量。

史高维尔指数的有趣之处在于，它所依赖的测量基础从根本上说是一种个体的主观判断。为了确定辣椒的辣度指数，首先要将辣椒干燥处理，然后注入酒精提取辣椒素，接着将辣椒素在糖水中稀释，使其浓度逐渐降低。最后出场的是鉴定团，鉴定团通常由 5 位品尝师组成。在这个过程中辣椒素会持续被稀释，直到多数品尝师（3 人以上）再尝不出任何辣味。无论达到以上状态需要稀释多少倍，稀释程度都能以数值表示出来，例如，必须以 50 万倍溶液稀释的干辣椒提取物，其辣度指数为 50 万 SHU。

这样一种方法自然会招致一些反对意见。首先，一个人所说的"很辣"，换作另一个人的话就可能会是"还行"。所以，首先得通过某种方式来规范品尝者的主观判断，建立标准。其次，不同品尝者的舌头对于辣味的感觉也不同，有些人天生就对辣味更敏感。

在品尝过程中，受到强烈刺激的味觉会很快丧失对辣味的敏感，因此该测量系统每次只能针对一个辣椒品种进行测定。凡是参加过辣椒交易会的人，对这种情况都不陌生。从一个摊位走到另一个摊位，品尝了不同的辣椒产品后没多久，他们的舌头就再也无法分辨出一般辣和变态辣了。除了以上这些，史高维尔测量法还可能出现一个问题。它的运作方式是试图持续测量浓度越来越小的辣椒素，但在这个过程中，品尝者的味觉很可能会渐渐失去敏感度。觉得再也尝不出辣味的同一种溶液如果换成初次尝试，可能辣椒素会被立刻感知出来。

尽管离尽善尽美还很远，但在没有其他更可靠的测量系统出现的情况下，20 世纪的大部分时间里，史高维尔指数一直被广泛使用。到了 20 世纪 80 年代，高效液相色谱法（high-performance liquid chromatography）的发明为辣度测量提供了一种更为客观的方法。通过对辣椒素溶液加压，使其泵入表面含有固体吸附剂的色谱柱中，在这一过程中分离并分析出溶液的各种成分及其内在辣度。这一过程和防止运动员成绩作弊的尿样药检同理。测量的辣度以美国辣椒贸易协会（ASTA）为单位。1ASTA 的辣度大致相当于 16 SHU。也就是说，一个辣度指数为32000 SHU 的塔巴斯科辣椒转换单位来表示的话是 2000 ASTA。

不过，这两种辣度单位之间的任何转换都谈不上精确，因为史高维尔指数本身就不太精确。

尽管如此，从生辣椒到辣椒酱，再到调味品，SHU 仍是辣椒行业衡量产品辣度的首选指标。因此，尽管有以上这样或那样的缺陷，SHU 仍然是我在本书中选择使用的表述单位。

辣椒素如何起作用

为什么接触辣椒会产生痛感？正如上文已经解释过的那样，辣椒素与人体感觉神经元中的一种接受体结合，产生的信号成功欺骗了生物体，使其误以为自己被灼伤。感觉神经元中的这种受体在科学上被简称为 TRPV1，或者叫作瞬时受体电位香草酸亚型 1（辣椒素属于香草酸类化合物，也是香草豆的主要成分）。这类受体的主要功能是帮助身体随时监测外在威胁，诸如极端温度，或身体接触到的一些酸性或腐蚀性物质，或受到的各种磨损、擦伤。当监测到的威胁信息通过 TRPV1 传递到大脑时，会使大脑的神经系统相信身体正遭受损伤，于是警告它立即避开伤害源。这就是为什么当你的手不小心碰触到一个发烫表面时，会瞬间把手拿开。听起来有些难以置信，吃辣时感觉嘴里像是着了火，但其实没有任何可见的组织损伤。然而，在很多其他方面，大脑也被愚弄了，就像高温下的反应——大汗淋漓、面部发红、血管扩张、舌头发红。尽管以上特性已经足以将其他哺乳动物、爬行动物和昆虫拒之辣椒门外，但人类，以其高度进化的智慧，早在远古时期就看清了这些小把戏。野生辣椒在五个不同的区域被驯化，由此形成了辣椒属下的五个主要品种，证明了在科学曙光尚未照亮之前，人类就已逐步学会忽视辣椒植物所散发出的警告信号。

不过有一点得说清楚，对于某些人来说，吃辣或接触辣椒所带来的痛苦不是虚假警告，而是真实的。这些人有可能是对辣椒过敏，所以吃辣椒可能会引发皮疹或其他诸如此类的皮炎。大型辣椒食品加工厂里的工人，如果在接触辣椒时没有什么皮肤保护措施，往往会患上一种苦不堪言的皮肤炎症，俗称"湖南手病"。"湖南手病"的命名来自中国（湖南省）的一道辣菜。最初的患者样本即是负责为烤辣椒去皮的中国餐馆员工。吃过量的辣椒也会导致胃痉挛——症状包括不停地打嗝、呕吐以及腹泻。要想了解你自己吃辣的极限在哪儿，只能通过反复尝试，不过在某些情形下，完全不碰辣可能是更安全的选择。

所有含乳脂的食物都能缓解辣椒入口时的炙热难耐，且效果立竿见影。冷牛奶、酸奶或者效果最好的冰激凌都能抚平辣椒素带来的灼烧感。因为辣椒素可溶于脂肪，而牛奶中的蛋白以及酪蛋白（存在于所有的乳制品中）就像是专门对付辣椒素化合物的灭火器。油和酒精也可以缓解辣味的灼烧感。酒精能解辣这一点，似乎不符合我们的日常印象，但因为辣椒素能溶于乙醇，所以这是真的。一两口的冰镇白葡萄酒的功效跟牛奶一样卓越，而一小口面包也是不错的吸"辣"材料，它可以从口腔黏膜中清除辣椒素。对辣味不起作用的反而是水，许多人在经过失败的尝试和沮丧后才发现这一点。因为辣椒素的疏水性使其不能溶于水。虽然冰水或冷水刚喝到嘴里时貌似能暂时缓解灼热，然而一旦把水吞下，口腔中又立马会完全恢复到火烧火燎的状态。牛奶才是正确的选择。

辣椒所带来的灼烧感是一种兴奋的快感，还是一种难熬的折磨？这取决于品尝者怎么看待自己的味觉所面临的急性刺激。不过辣椒素似乎对人体也有好的一面。大脑为回应辣椒素刺激所带来的痛苦，会释放出大量的生物化学物质——内啡肽（endorphins）。内啡肽像是大脑的天然止痛药，它的工作原理是抑制神经将疼痛信号传递给大脑，就像许多止痛药物——特别是阿片类药物——的作用一样，内啡肽因此在大脑中产生了一种巨大的满足感，甚至是快感。于是产生了一种观点，吃很多辛辣食物的人是在追求所谓的"辣椒安慰"，借用非法滥用药物（嗑药）的语境描述就是"嗑辣椒"。也许那些口口声声已经养成吃辣习惯的人，实际上寻求的是辣椒素使身体产生的内啡肽兴奋？现还证实，吃下的辣椒素还会立即释放出另一种强大的神经递质——多巴胺（DA）。而多巴胺掌管着大脑的幸福感和总体满足感，知道了这一点，就更容易理解为什么有些人看起来像是受虐狂，一心想让自己的嘴巴着火。等到第三部分，我们再详细展开讨论。

内啡肽和多巴胺运行机制唯一美中不足的是，快感的获取按照收益递减规律运行。当认真的辣椒狂热者执着地搜寻市场上下一个最辣品种，或者当他们每次给自己准备一顿辣味美食时，锅里的辣椒添加量就会忍不住再多一点。很有可能，他们想再体验昨日吃辣肉酱所带来的快感，就不得不每次吃更多的辣椒来抵消对辣椒逐渐减弱的敏感度（就像是莎士比亚的《十四行诗》第52首所描述的"以免磨钝那难得的锐利的快感"）。不加节制地享受，渐渐地它所带来的愉悦感就会减弱，只有加码甚至加倍才能达到和原先同等的效果，由此快乐本身也逐渐贬值。

不过，倒不必担心辣椒上瘾会减少大脑中触发快乐的化学物质的分泌。毕竟，不是只有疼痛才会产生内啡肽。人们也知道，充分的体育锻炼、性生活或是一场大笑也能产生令人愉快的化学反应，而只有煞风景的人才会反对包括辣椒在内的这些乐趣。

辣椒与健康

21世纪，饮食习惯决定健康与否的夸大之词屡见不鲜。关注饮食养生的人，几乎每天都被各式各样、天花乱坠的"营养成分理论"狂轰滥炸。那些建立在"某种营养成分"上的饮食体系效果被吹捧得似乎无所不能。从吃下某样东西就能保证你延年益寿，到坚持服用即可腰围立减几英寸。类似这样的饮食风尚随时间潮来潮去，昨天的"养生之道"改头换面以后又成了今天的新花招。顺带问一句,今天还有人在坚持葡萄柚饮食疗法吗?所以,回到吃辣椒能让健康获益几多,以及吃辣味食物在改善身体方面有何益处等问题上,我们还是得谨慎看待、小心求证。时至今日,辣椒营养学中还有相当一部分理论有待进一步评估。

目前可以确认的是,辣椒的营养成分相当丰富。如前所述,一颗普普通通的新鲜红辣椒的身体里,就蕴含着一座营养宝库。它是膳食纤维的上佳来源,富含维生素 B_1(又称硫铵)、B_2(核黄素)、B_3(烟酸)和 B_9(叶酸),以及同样丰富的维生素 A、B_6(吡哆醇)、C、K。在矿物质含量方面,辣椒依旧表现出众,包含大量益生的铁、镁、磷和铜,还是补充钾和锰的理想食物来源。所有这些维生素和矿物质,在人类饮食中都扮演着至关重要的角色,而正是维生素和矿物质含量很高的辣椒,为我们远古祖先的生存提供了帮助。辣椒的钠含量很低,胆固醇含量为零,不过成熟的辣椒果含有 5% 左右的糖分。一个正常大小的辣椒重量约在 1.5 盎司(42 克),所含热量约在 18 卡路里。

基于以上营养数据的有力支撑,我们可以有把握地推断,富含辣椒的饮食能有效帮助机体对抗感染;制造和维持体内的胶原蛋白,让头发和皮肤看起来有光泽(通过维生素 C 的抗氧化作用);辣椒还可以促进全身细胞的新陈代谢,尤其有助于皮肤中红细胞的形成(通过辣椒中的铁和铜)。因为富含维生素 A,辣椒有助于保护视力,防止随年龄而来的黄斑变性;辣椒中的维生

素 B_9 和钾还有疏通血管的作用，可以降低血压、调节血液循环；辣椒中的维生素 B_3 会促生对人体有益的高密度胆固醇，同时分解对人体有害的低密度胆固醇，从而增强心血管功能。

由于以上林林总总的益处，近些年来，世界各地的研究团队一直致力于开展关于辣椒的实验，观测食用大量辣椒的人群，评估他们的健康和预期寿命。根据 2015 年 8 月发表于《英国医学杂志》(British Medical Journal) 的一项研究，经常食用辣椒、摄入辣椒营养成分，与寿命的延长成正比例关系。这一发现来自中国医学科学院的研究小组，是他们花了 7 年的时间，在针对 50 万名受试者的研究后得出的结论。[2] 心脏病、脑卒中、癌症、糖尿病和呼吸系统疾病是世界范围内影响人类寿命的疾病杀手。而通过对目标人群的观察，研究小组发现，与不吃辛辣食物的人相比，经常吃辣的人患以上疾病的风险更低。如果每周吃一到两次含辣椒的食物，得病风险率会下降 10%，如果一日三餐都吃点辣食或每天吃辣的话，风险则会下降 14%。结果概率在不同性别之间没有差异。这份研究报告的撰写者也补充说，要完全证明医学指标与吃辣椒之间的关系，还有很长的研究道路要走，但就目前的观察数据来看，还是非常鼓舞人心的。

如我们之前所说，辣椒素具有很强的抗菌特性。对于被昆虫啃噬过的辣椒果，辣椒本身的抗菌性能够抑制其果实内部的真菌生长。食物中加入辣椒不但可以调味，辣椒的抗菌性还能延长食物的保质期。辣椒素为含有辣椒的食物披上一层抗菌屏障，抑制食物中其他食材的变质，保护食物摄取者免受食物细菌污染。人们早已发现，辣椒可以消灭食物中可能出现的75%的食源性病原体，因此跟那些不辣的菜肴相比，辣味菜品引起食物中毒的可能性要低得多。

2015年的两项研究证实了长期以来的假设——辣椒可以预防肥胖。来自怀俄明大学的一组生物学家发现，辣椒素分子能促进哺乳动物的代谢活动，帮助系统消耗更多的能量。即使在相对高脂肪饮食的情况下，辣椒素也能有效防止体重增加[3]（需要补充说明的一点是，目前他们所测试的哺乳动物都是老鼠）。相比怀俄明大学，澳大利亚阿德莱德大学的研究或许更有针对性。经他们研究证实，辣椒素会附着在胃壁的感觉神经上，从而使胃部产生饱足感。[4] 在这一点上我们或许都有切身体会，或者至少从别人那儿听说过，比起吃味道温和的食物，辛辣的食物似乎能更快地给进食者带来饱足感。阿德莱德大学的研究结果还表明，这种饱足感背后的作用原理，不光是辣椒给舌头和腭部带来的灼烧感那么简单。

2012年，香港中文大学的一个研究小组发现，辣椒素可以促进有益的胆固醇分解对人体有害的胆固醇，还有助于扩张血管，改善血液流动。[5] 在撰写本书期间，又有了一项有关辣椒的发现，可以说是近年来有关辣椒发现中最激动人心的一项。发现者是来自佛蒙特大学罗伯特·拉纳医学院的两名研究人员——穆斯塔法·肖邦（Mustafa Chopan）与本杰明·利滕伯格

（Benjamin Littenberg）。他们基于对超过 1.6 万名美国成年人的样本调查，证实了两年前发表在《英国医学杂志》上的中国研究结果。2017 年 1 月，他们将自己的调查结论发表在跨学科科学杂志《公共科学图书馆·综合》（PLOS ONE）上。也就是说，无论是特定原因还是综合因素，经常食用辣椒的人过早死亡的风险都降低了差不多 13%。[6] 不同于 2015 年只关注中国成年人的研究，佛蒙特大学的研究将不同种族背景的人都纳入样本对象范围。也因此，这项研究结论正如报告的撰写者所说的那样，"增强了之前发现的普适性"。

另外，有关过度消费辣椒带来健康隐患的研究尚未完全证实，但也值得关注。2011 年 4 月，《癌症研究》（Cancer Research）杂志上发表了一篇题为《双面辣椒素》（The Two Face of Capsaicin）的论文认为，过量使用含有辣椒素的护肤霜来缓解疼痛可能会增加患癌的风险，导致皮肤癌。[7] 近几年来，从术后神经痛这种暂时性疼痛到骨关节炎、类风湿性关节炎，以及后遗神经痛等五花八门的慢性疼痛的治疗中都用到了诸如辣椒素乳膏、辣椒素凝胶和辣椒素贴片之类的药物。辣椒素治疗法的医学原理是将机体反复暴露在辣椒素下，从而逐渐形成的脱敏疗法。所以使用辣椒素乳膏能逐步降低对疼痛的敏感性，而且效果在通常具有刺激性的植物化合物中可以说独一无二。尽管这篇文章的作者安·博德（Ann Bode）和董子刚（Zigang Dong）指出，过量添加辣椒素的乳膏可能会有副作用，但他们也概括总结说，在食物中"正常

029

摄入"的辣椒与辣椒素在皮肤药中的应用不是一回事。这句话更进一步的意思就是，护肤霜中的辣椒素致癌的可能性不会转化为食用辣椒的类似风险。

吃辣椒会给口腔和整个消化系统带来灼热感，所以似乎很明显，患有肠胃功能失调——不管是有可能患有咽喉炎症或胃部炎症，还是患有胃溃疡的人，都最好少吃太辣的食物。但辣椒的辣味是否真的会刺激喉咙和肠胃，成为引起炎症的罪魁祸首？对此医学界还在仔细论证。

毋庸置疑的是，有些不太幸运的人，肯定会遇到这种情况：吃了辣椒以后胃部痉挛、肠道收缩，这说明他们的身体把辣椒当成了毒素，必须千方百计清除出去（清障的得力干将就是腹泻和呕吐）。但尴尬的是，谁知道吃多少量的辣椒会出现这种情况呢？通往答案的道路只有一条：吃了才知道。如果能清楚自身对辣的承受度，只要比那个临界点的量少吃一点就可以避免腹泻、呕吐之类的折磨；只要找到那个辣度临界点——那么现在问题来了，要是没有亲自上阵煮过这道菜，不知道厨师竟放了多少辣椒，那么面前这道菜对你来说合不合适、能不能吃，只有入口方知。

有种微弱的声音来自一些动物试验研究，研究认为过量摄入辣椒素可能是胃癌或肝癌的诱因，1985 年和 1991 年韩国的两项研究似乎也证实了这一点。但 1998 年，日本的一个团队历时 18个月，以大量的辣椒素及类似化合物喂养小鼠，结果并未发现任何有关小鼠患癌的证据。[8]甚至有一些针锋相对的观点认为，辣椒素可能是一种抑制癌细胞发展的保护因子，当然，该观点目前尚无确凿证据。关于辣椒是否会腐蚀胃壁的问题，1987 年的一项内窥镜实验显示，辣椒或有严重的刺激性，甚至引发胃出血。同一实验在第二年又进行了一次，实验人员中还包括了第一次的两位科学家。然而第二次实验却没有找到辣椒会伤害胃壁的任何证据。即使在第二次实验中，采用的辣椒是墨西哥干辣椒粉，而且不同于第一次实验通过食道将辣椒引入胃部，第二次实验是直接将辣椒放入胃部。

辣椒是"良药"还是"砒霜"？也许在这个问题上最有发言权的是无可辩驳的人类饮食进化史。如果辣椒真的对我们有害，那我们的祖先可能在几千年前就已经放弃吃辣椒了。它们必定既不会被传播到世界各地，也不会纵横两个半球的饮食文化，达到今天这样的广度与深度。

我想，如果读到这里你对这本书还没有放弃，那么你应该不会太过于担心辣椒对你有害。我也一样。

2
阿帕切人、毒蛇和龙
辣椒的种类

目前，世界范围内已知的辣椒种类在5万种左右。其中一些品种 小范围种植在城市的边缘地带，不太为人所知；而另一些则早已成为世界各地辣味美食的重要成员。因此，接下来将要列举的辣椒都经过精挑细选，基本来自5个最主要的辣椒大类品种。每种辣椒我们都会介绍它的原产地，大致聊一聊它们的食用方法。基于测量系统的特性，每种辣椒的史高维尔指数（SHU）都是估值。不过即使是估值，我们从中也能得到一些参考，了解每一种辣椒尝起来大概有多辣。虽然SHU测量法直到今天仍然热度不减，但实际上这个测量系统已逐渐变得没那么实用了。即便如此，人们还是习惯把高效液相色谱法的测量值换算成SHU，以便于国际通用。归根结底，辣不辣，有多辣，最有说服力的办法还是你自己大胆试着尝一口。

一年生辣椒

Aji Cereza

樱桃阿吉辣椒

遍布南美和加勒比地区的辣椒被通称为"阿吉"。"阿吉"一词源自西班牙语,意思是"樱桃",说明这种辣椒的大小、形状、颜色和樱桃都很相似。野生阿吉生长在广袤的秘鲁雨林里,荚果浑圆,外皮呈樱桃红色,果径约 1 英寸。70000—80000 SHU。

Aji Pinguita de Mono

小猴子阿吉辣椒

这种阿吉辣椒是来自秘鲁雨林的野生品种,生长地主要集中在查西马约(Chanchmayo)中央谷地周围。小猴子阿吉辣椒的形状粗短,不足 1 英寸长的果实成熟时会变成深红色,这让它有了一个"体面"的西班牙名字——"小猴儿的丁丁"。虽然跟樱桃阿吉辣椒相比,两者平均辣度在史高维尔指数列表上大致相同,都差不多在 70000—80000 SHU 的区间范围。但如果测量这种辣椒的顶端部分的话,测量出的辣度会更高。

Aleppo(Halaby)

阿勒颇辣椒(哈拉比)

西方厨房里名为阿勒颇辣椒的香料是辣椒的一种,又名哈拉比辣椒。阿勒颇辣椒的种植地主要分布在叙利亚和土耳其，而大量食用地区则遍布中东。地中海东岸的美食里也常能见其踪影。制作方法是先将暗红色的豆荚半干燥，然后去籽、研磨，最终生产出一种油质、带有烟熏味的调料，比一般的红辣椒粉颜色更鲜明。SHU 通常为 10000 左右。

Ammazzo（Joe's Round）

杀手辣椒（乔的圆辣椒）

"我乃杀手"是 Ammazzo 的字面翻译。作为一个意大利辣椒品种，杀手辣椒以果簇形状生长，通常 12—15 个果实为一簇。每个辣椒果实果径宽约半英寸，成熟时颜色从深绿转为鲜红。因为外形闪亮如宝石，所以这种辣椒基于装饰目的的种植与烹饪用途的栽培一样普遍。它的意大利语名字常被误译为"posy"或"nosegay"，指的就是它结果时果实团簇的样子。杀手辣椒有时也被称为"乔的圆辣椒"。5000—6000 SHU。

Anaheim

安纳海姆辣椒

安纳海姆辣椒因加州奥兰治县的一座城市而得名。市场上出售的安纳海姆辣椒通常是一种外形长而弯曲的绿色辣椒，长度在 6—8 英寸。这样的大小不管是切段还是填馅烹饪都绰绰有余，也可以用来烧烤。如果耐心等待，成熟的安纳海姆辣椒最终会变为红色，不过对于大部分消费者而言，绿色的安纳海姆辣椒更为常见。这个辣椒品种的辣度适中，特别是当外皮还处于青涩、强韧、蜡质十足的阶段，尝起来味道温和还带着一丝甜味。1000—2500 SUH。

Ancho

安可辣椒

安可辣椒是干燥后的波布拉诺辣椒。干燥处理后，这种辣椒的深棕色外皮皱起，整个辣椒的形状像是一颗心。安可辣椒的长宽大致相等，都在 4 英寸左右。口感甜而温和，还带有烟熏的味道。墨西哥厨师喜欢把它浸入温水半个多小时后，放进墨西哥玉米棕（tamales）里食用。同时它还可以和其他辣椒一起做成莫莱酱。1000—2000 SHU。

Apache F1

阿帕切 F1 辣椒

阿帕切 F1 辣椒是一种杂交品种。它能结出一串串小巧鲜红的果荚，外观颇为吸引人。果实长 2—3 英寸，直径不到 1 英寸。因为紧凑生长的特性，阿帕切 F1 是小型花园种植椒的首选品种。即使在较冷的气候环境下，它的果实产量也相当可观。生命力如此旺盛的辣椒品种，辣度却比你想象强烈得多（顺带一提的是，F1 品种是第一代杂交辣椒，由交叉授粉培育而来。其来源的两个品种皆因具有特殊品质而被挑选出来）。80000—100000 SHU。

Bacio di Satana

撒旦之吻辣椒

Bacio di Satana 的意思是"撒旦之吻"，是来自意大利的一个辣椒品种。它是樱桃辣椒的一种，身材浑圆，身披熠熠生辉的红色外衣。撒旦之吻辣椒的宽度在 1 英寸左右，外皮厚实，足够那些富有耐心的人把它填满馅料食用。比如，如果你喜欢的话，可以用莫泽雷洛干酪和捣碎的凤尾鱼当作内馅把它填满，再放上烤架制成美味。40000—50000 SHU。

NuMex Big Jim

大吉姆辣椒

大吉姆是世界上体积最大的辣椒，最早是由新墨西哥大学辣椒研究所在 1975 年培育出来的。大吉姆辣椒中体型最大的能长到 1 英尺。这种辣椒紧实多肉，肥硕的体型很适合用来填塞馅料后烘烤。相比普通的甜椒，它算是一种更美味的选择，这种辣椒本身的味道也非常温和。500—1000 SHU。

Birdeye（Piri Piri）

鸟眼辣椒（皮里皮里辣椒）

它的得名据说是因为从末端看上去很像鸟的眼睛。鸟眼辣椒，或者写作 bird's eye，已经逐渐成为世界范围内最常见的辣椒品种。这种辣椒与泰式料理关系密切，也因此常以"泰国辣椒"（Thai Chili）的名头贩卖。但其实鸟眼辣椒的生长范围主要在非洲地区，尤其是埃塞俄比亚一带，在那里它又被人们称作"皮里皮里"辣椒。鸟眼辣椒的果实小巧、外皮纤薄，末端逐渐尖细。无论是青涩时期，还是完全成熟转为鲜红色时，都可以食用。伴随香甜水果味一起入口的，还有它富有冲击力的辛辣口感。50000—100000 SHU。

Boldog

博尔多格辣椒

作为匈牙利红辣椒的一个品种，博尔多格辣椒有着长形的果实，从顶端到末端长达 5 英寸。它的果皮外壁较薄，容易制成干辣椒。成熟的果实为深红色，有一种甜且让人印象深刻的独特风味，这种风味也使其成为红辣椒粉的基底。800—1000 SHU。

Bulgarian Carrot

保加利亚胡萝卜辣椒

保加利亚胡萝卜辣椒这个名字直观又容易引起误解。它其实是一种来自匈牙利的辣椒，但形状的确像是小胡萝卜，橙黄色的果实能够长到三四英寸。脆生生的果实很适合腌着吃，在制成酸辣酱时，它的风味也能得以充分展现。对于它的辣度，人们见解不一，按照记录来说，最辣的品种 SHU 可高达 3 万。不过平均而言，5000—10000 SHU 。

Capónes

阉割辣椒

阉割辣椒是指经过干燥处理的墨西哥辣椒。Capónes 的字面意思是"阉割"。正如名字里暗示的那样，在烟熏干燥之前，阉割辣椒经历了一个被耐心"阉割"（脱籽）的过程。2000—10000 SHU。

Casabella

卡萨贝拉辣椒

矮小的辣椒品种之一卡萨贝拉辣椒，随着生长过程，果实的颜色不断变化，从初期的黄色，到成熟时炽热的红色。卡萨贝拉结出的果实长度在 1—1.5 英寸，最常见的食用方法是磨粉后制成辣椒酱或萨尔萨酱。2000—4000 SHU。

Cascabel

铃铛辣椒

铃铛辣椒是一种名为小球椒（Bola，"球"或"嘎嘎"）的墨西哥辣椒的干辣椒形式。铃铛辣椒名字的由来是因为其辣椒种子在干燥的豆荚里发出的响声如同沙锤的声音。这种辣椒果实有 1—2

英寸宽，干燥时外皮为深棕色，像颗西梅干。在墨西哥厨房里，它可以有多种烹饪方式——制作汤、萨尔萨酱、炖菜和辣酱时皆可加入。3000—4000 SHU。

Cayenne

卡宴辣椒（或红辣椒）

虽然从名称上看，卡宴显然是以法属圭亚那的卡宴城市和卡宴河流命名，但实际上这种辣椒更有可能起源于巴西。葡萄牙的探险家和商人们从那里发现了卡宴辣椒，并将其带到了人类已知世界的各个角落，如今是世界上最知名的辣椒之一。它的果形是典型的长辣椒，果皮薄且略有起伏的褶皱，辣椒果呈锥形、椒尾颇尖。卡宴辣椒包括几十个栽培品种，其中很多品种遍布印度和中国。在欧洲，这种辣椒的最常见形式是干燥后磨成红辣椒粉。19世纪，欧洲人还未能完全接受辣椒粉的滋味时，是卡宴辣椒粉在菜肴中扮演着稍许热辣的角色。从辣度指数来说，整颗辣椒的辣度比经过处理后在市场上贩卖的卡宴辣椒粉要辣得多。30000—50000 SHU。

Charleston Hot

查尔斯顿辣椒

查尔斯顿辣椒属于卡宴辣椒的一个变种，最早由美国农业部培育。美国农业部当时正在寻找一种能有效抵御根结线虫的辣椒品种——根结线虫会带来严重的虫灾，每年因其受损害的辣椒约占全球辣椒产量损失的 5%。1974 年，查尔斯顿辣椒由美国农业部在南卡罗来纳州首次培育成功。它的辣椒果长度一般在 4 英寸左右，适合做成干辣椒。也可以切成辣椒丝，给菜肴增添一丝热辣滋味。70000—100000 SHU。

Cheongyang
青阳辣椒

该辣椒的名字取自韩国的两个县——青松和英阳的合称。青阳辣椒主要用于韩国泡菜和其他韩国腌制食物的调味。它是一种果皮较薄的长辣椒，成熟时外皮由绿转红，辣度中等。8000—10000 SHU。

Cherry Bomb F1
樱桃炸弹 F1 辣椒

一个辣椒如果有个烟花一样的名字，那听起来就会非常火辣，但其实这种浑圆、成熟时红艳的品种入口十分温和。它的果径能长到差不多两三英寸，比一般的樱桃要大得多。不管是填馅后烹饪，还是用来腌制都非常适合。2500—5000 SHU。

Chilhuacle Amarillo

恰华克黄辣椒

恰华克黄辣椒属于墨西哥恰华克辣椒家族的一员,已经渐渐成为一种较为罕见的辣椒品种。不过它也曾是制作莫莱酱时常用到的三种经典墨西哥恰华克辣椒调料之一。恰华克黄辣椒能给酱汁加上一抹鲜明、浓烈的橙色,同时也能带来酸甜的水果风味。它原产于瓦哈卡地区,株高能长至四五英寸。果皮皱褶,食用前需要去皮。1200—2000 SHU。

Chilhuacle Negro

恰华克黑辣椒

棕黑的恰华克辣椒看起来像是身披紫茄外衣的小钟椒(small bell pepper),长、宽都在 3 英寸左右。它常用来调制瓦哈卡和恰帕斯一带的黑莫莱酱,也可干燥后研磨用于其他烹饪方式。1200—2000 SHU。

Chilhuacle Rojo

恰华克红辣椒

同样产自瓦哈卡,这种红色的恰华克辣椒是外形呈锥形的品种。果肩约 2 英寸宽,果长约 3 英寸。至此,三大用于制作墨西哥莫莱酱的辣椒就算是齐备了。1200—2000 SHU。

Chiltepin

奇特品辣椒

某些情况下，这种辣椒被认为是所有辣椒变种的祖先。小巧的奇特品辣椒的野生种至今仍生长在墨西哥，以及美国南部和西南部的部分地区——主要集中在亚利桑那州、得克萨斯州和佛罗里达州，尽管过度采摘已让上述区域的野生椒生长状态岌岌可危、濒临灭绝。其名字来自纳瓦特尔语"tepin"，意思是"跳蚤"。它看起来像一只小樱桃，外皮一般呈红亮色泽，不过人们也曾在野外发现过黄色或淡棕色的品种。在辣度方面，这种辣椒的表现十分强劲，能在瞬间给予味觉极大的冲击，不过辣味褪去的速度也相当迅速。制成干辣椒磨碎成粉后，可以用于煲汤或炖菜。因为它的自然繁殖主要通过鸟类传播，有时候也叫作"鸟椒"（不要与"鸟眼辣椒"混淆）。50000—100000 SHU。

Chimayo

奇马约辣椒

奇马约辣椒是新墨西哥的一个辣椒品种，以墨西哥圣太菲城（Santa Fe）以北 25 英里处的一个小镇命名。奇马约辣椒是一种体型较大的红辣椒，辣椒果最长可以长到 7 英寸，一般果实外形略有弯曲。它经常以叫作"molido"的干辣椒粉的形式出售。4000—6000 SHU。

Chipotle

奇雷波烟熏辣椒

严格意义上说，奇雷波烟熏辣椒不是一个辣椒品种，而是一种辣椒的加工方法，一般通过干燥和烟熏制得。最常见的一种制作方法是采用熟透的墨西哥辣椒进行稍许干燥。传统操作是将它们放置在金属架子上，架子正下方是一个火坑，以此熏干，火苗的烟越小越好。最终的成品形似小李子，闻起来有刺鼻的烟熏味，但吃起来辣度适中，可以制成墨西哥辣肉酱之类的菜。根据品种不同，辣度从 2000 SHU 到 8000 SHU 不等。

Choricero

西班牙香肠辣椒

西班牙香肠辣椒（Choricero 为西班牙语，意思为香肠）是一种西班牙辣椒品种，最常见的使用方法是以辣椒串的形式风干以后，为乔利佐（Chorizo Sausage）西班牙辣香肠增添风味。风干前，体形较大、果肉丰满、外皮红艳，风干脱水后则变成紫褐色。风干之后的辣椒要食用时，需要再将其浸泡水中，压制成糊状。除了用于香肠，汤和海鲜饭中也能见其身影。一般来说辣度比较温和。200—1000 SHU。

Costeño Amarillo

科斯特诺·阿马里洛辣椒（或黄色海椒）

科斯特诺·阿马里洛辣椒是来自墨西哥东南部的辣椒品种，主要产地在瓦哈卡和韦拉克鲁斯地区。辣椒果实成熟时，外皮会从青绿逐渐转为琥珀般的黄色。细长的辣椒果长度约 3 英寸，果壁纤薄，果实顶端呈尖锥状。成熟的果肉带有一丝柠檬柑橘的味道。1200—2000 SHU。

Cyklon

气旋辣椒

气旋辣椒属于为数不多的波兰辣椒品种。辣椒皮色猩红，果实呈泪滴状，通常在顶端弯曲。如果干燥处理得当，很适合用来制成辛辣的红辣椒粉，也适合加在萨尔萨酱里。5000—10000 SHU。

Dagger Pod

042

匕首辣椒

匕首辣椒因状如反曲刀（廓尔喀士兵使用的一种匕首）的刀鞘而得名。它的辣椒果果皮较薄，有轻微的皱褶，成熟时为深红色。长四五英寸，宽不及 1 英寸。通常的食用方式是制成干辣椒后磨碎成辣椒粉。30000—50000 SHU。

De Arbol

树辣椒（迪阿波辣椒）

De Arbol 就是所谓的"树辣椒"，原产于墨西哥。它的植株看起来确实很像一棵小树苗。这种辣椒的果实又细又长，很有辨识度，又因此被称作"鸟喙"和"老鼠尾巴"。辣椒果最长可以长到 4 英寸，外皮呈夺目的血红色，即使干燥以后也能保持原色不变，因此经常用来装点菜肴。最适合浸入油或醋中腌制后食用。数世纪以来，树辣椒一直都是墨西哥料理中不可或缺的调味料之一。15000 — 30000 SHU。

Deggi Mirch

德吉·米尔奇辣椒

印度食品杂货店里常说到的德吉·米尔奇，通常指一种辣度温和的辣椒粉，外观有点像红辣椒粉。德吉·米尔奇辣椒粉常在木豆和帕拉塔（Paratha）面包之类口味平和的菜肴里充当调味品。如果真有"德吉·米尔奇"这种辣椒粉，那么它理应由同名的干辣椒磨碎后制成。同名的德吉·米尔奇辣椒生长在克什米尔北部，长约 2 英寸，外皮一般为红色。不过印度食品杂货店贩卖的"德吉·米尔奇"很多时候并非来自德吉·米尔奇辣椒，而是由其他辣椒品种制成的。1500 — 2000 SHU。

Espelette

埃斯佩莱特辣椒

埃斯佩莱特辣椒原产于法国境内的北巴斯克地区，红色荚果外形纤细、辣度温和。自 2000 年以来，这种辣椒一直是欧洲保护命名系统中一种指定名称的产品。在法国南部和巴斯克地区，它们广泛应用于诸如番茄甜椒炒蛋这样的传统菜肴中，也是丰收季一年一度辣椒节的重头戏。3000—4000 SHU。

Facing Heaven

朝天椒

果实朝上生长而非垂挂枝头，具有这种生长特征的辣椒品种还有很多，不过朝天椒（英文名 Facing Heaven 在此采用了意译）却因为这种植物学特征，在中国的植物分类命名法中收获了颇具诗意的名字。它原产于无辣不欢的四川省，在当地叫作朝天椒。小巧、薄皮、子弹般的小豆荚长度约 3 英寸。较小的辣椒常整颗扔进锅中与菜肴爆炒。30000—50000 SHU。

Filius Blue

忧郁之子辣椒

忧郁之子辣椒是一个奇特的辣椒品种。它的果实有着明亮的紫蓝色阴影，与其淡紫色的叶子交相辉映。在成熟的季节，忧郁之子辣椒会固执地保持着这种颜色，直到最后转成最典型的红色。小

巧、卵形的辣椒果能为菜肴带来灼热的滋味。40000—50000
SHU。

Firecracker

鞭炮辣椒

鞭炮辣椒是印度的一个杂交品种，成熟过程中所经历的颜色变化
可以说叹为观止。从奶油色到紫色，从黄色到橙色，直至最后火
焰般的红色，一株长满辣椒果实的灌木，若是果实处在不同的成
熟阶段，那么看起来就像是自然形成的圣诞树。它的辣椒果呈圆
锥形，果长大约 1.5 英寸，小巧得可以整颗入菜，或炖或爆炒。
体积虽小，"鞭炮"带来的辣度却像一番"轰炸"，它因此而得名。
30000—40000 SHU。

Fish

飞鱼辣椒

飞鱼辣椒的得名不是因为它的形状像条鱼，而是因为它在食谱里
常常与鱼类同烹。19 世纪奴隶贸易后期，一些辣椒品种伴随被
贩卖的非洲奴隶来到美洲大陆，飞鱼辣椒也是其中之一。和西
班牙的帕德龙辣椒（Padrón）一样，同一株灌木上的单个飞鱼
辣椒辣度差异很大。人们习惯在它最辛辣的时候将其采摘，用作
鱼类和贝类菜肴的调味。差不多 3 英寸长的时候是飞鱼辣椒的
青涩期，也是它们常被采摘入菜的时候。这时的辣椒豆荚青绿，

有柔和、乳白色的条纹沿着果实表面蔓延。单个辣椒间的显著差异使这个品种的辣度范围相当有弹性，跨度为 5000—30000 SHU。

Fresno

弗雷斯诺辣椒

尽管从名称来看像是来自加州，弗雷斯诺辣椒其实是新墨西哥州的一个新品种。这个品种经常与墨西哥辣椒混淆。这一点得小心，因为弗雷斯诺辣椒相当辣。圆锥形的红色果实能长到两三英寸，尝起来总会有一种水果味。3000—8000 SHU。

Garden Salsa F1

花园萨尔萨 F1 辣椒

培育这一杂交品种的目的就是为了给萨尔萨酱调味。虽然成熟期的辣椒为红色，但常常在表皮还是青绿色时就被人们摘下。食用时需要先烘烤，再削去较厚的果皮。最大能长到七八英寸，辣椒果的顶端弯曲。2000—5000 SHU。

Georgia Flame

格鲁吉亚火焰辣椒

格鲁吉亚火焰辣椒外形为长条形，果皮有层油蜡。这种辣椒不是来自盛产桃子的美国佐治亚州，而是来自黑海上的格鲁吉

亚 *。格鲁吉亚火焰的皮质较厚，果肉质地松脆，长度能有 6 英寸，适合用来做成酿辣椒（填馅烹饪和用来烘烤）。1500—2000 SHU。

Goat Horn

山羊角辣椒

山羊角辣椒是一种长而薄的红辣椒，像其名山羊角一样，外形卷曲成圈状。山羊角辣椒原产于中国台湾，常用于中式炒菜。最常规的椒身长度在五六英寸，果肉汁水充沛，辣度相对温和。1000—2000 SHU。

Guindilla

西班牙红辣椒

红辣椒 ** 原产于西班牙的巴斯克地区，是一种外形细长的辣椒品种，从顶端到底部长达 4 英寸。试着单独品尝，直接咬一口这种辣椒吧，它丰富的果味不会让你失望。在果实青绿时即被摘下的西班牙红辣椒，常常在经过白葡萄醋酒的腌制后，制成一种名为塔帕斯（tapas）的西班牙餐前小吃，或是作为类似曼切戈（manchego）这样硬奶酪的佐料。熟透的西班牙红辣椒果实为深红色，味道温和，1000—2000 SHU。

---

* 　美国的佐治亚州和格鲁吉亚在英语里都写作 Georgia。——译注
** 　西班牙语 Guindilla 意为"辣椒"。——译注

Hungarian Yellow Wax（Hot）

匈牙利黄蜡椒（辛辣种）

匈牙利黄蜡椒也称为香蕉辣椒。香蕉辣椒的得名不是因为形状
（这种辣椒并不总是呈弯曲状），而是因为人们习惯在它的表皮仍
处于黄色时，就将其采摘食用。匈牙利黄蜡椒主流的食用方式是
用来制作萨尔萨酱或是腌制成泡椒。它的辣椒果能长达 6 英寸，
果径宽在 1.5 英寸左右，果肉松脆，切块加入沙拉时看上去秀色
可餐。2000—4000 SHU。而这种辣椒的表亲——匈牙利热辣
黄蜡椒（Hungarian Yellow Wax Hot）虽然与其有亲缘关系，却
是一个单独的辣椒品种，并且在辣味的表现力上也要强烈得多。
5000—15000 SHU。

Inferno F1

地狱 F1 辣椒

地狱 F1 辣椒是匈牙利蜡椒家族的杂交品种（见本文）。地狱听
起来可怕，实则不然。虽然这种辣椒饱满、外皮光滑的果实成熟
后，看起来犹如地狱中熊熊燃烧的火焰，但撒旦忠实的随从也有
因为心软而手下留情的时候。2000—4000 SHU。

Jalapeño

墨西哥辣椒

墨西哥辣椒很可能是世界上最出名的辣椒。目前它的栽培品种

繁多，体型大小和辣度都有所不同。虽然墨西哥辣椒曾以其火

红热辣而闻名，但今天的辣椒界已将其视为入门级选手。最常

规的墨西哥辣椒有 2—4 英寸长，一般以青绿色的外皮出现，

其实如果有机会长到成熟期，它的果皮会披上红色外衣。这一

身光滑的红色外衣上还会伴有花格状的细纹。现如今的墨西哥

辣椒可以拿来跟任何食材搭配：从比萨饼到烤干酪辣味玉米

片（nachos）、玉米卷（tacos），以及辣肉酱，或是作为容

器（里面填满奶酪，涂上面包屑）。干燥、熏制后的墨西哥辣

椒称为奇雷波烟熏辣椒（见本章）。从辣度上来说，它的史高

维尔指数范围相当宽，最辣的部分主要集中在底部。2000—

10000 SHU。

Jaloro

哈拉洛辣椒

哈拉洛辣椒是一种黄色的墨西哥辣椒，1992 年首次在得克萨斯

州培育成功。作为标准墨西哥辣椒的抗虫病替代品，哈拉洛辣椒

与墨西哥辣椒的辣度也大致相当。3000—8000 SHU。

Joe's Long

乔伊长辣椒

此辣椒绝非浪得虚名。通常情况下能长到近 12 英寸，但果皮很

薄，因此非常适合拿来做成干辣椒。乔伊长辣椒属于卡宴辣椒的

一个亲缘品种。尽管它的辣度也相当高，对口感的刺激却不算特别强烈。15000—20000 SHU。

Jwala

手指辣椒

最常用的名字是印度手指辣椒，它的古印度语名字"jwala"的意思是"炙焰"。手指辣椒成熟过程中果实会由青转红，食用方式多种多样，如腌渍辣椒、干辣椒、新鲜辣椒。纤薄的果实长度约 4 英寸，末端呈尖锥状。20000—30000 SHU。

Mirasol

朝阳辣椒

和中国的朝天椒（见本文）一样，外形狭长、表皮绯红的朝阳辣椒果实也朝上生长。"望向太阳"，它的西班牙文名字"mirasol"就是这个意思。朝阳辣椒果实可以长到 6 英寸，果皮坚韧，所以在食用前要先浸泡或烘烤。它的干辣椒形式称为瓜希柳辣椒（guajillo），瓜希柳辣椒常用作墨西哥传统莫莱酱的原料。在整个秘鲁地区，这种辣椒都非常受欢迎。2500—5000 SHU。

Mulato

穆拉托干椒

与安可辣椒（见本章）一样，穆拉托干椒也是干燥后的波布拉诺辣椒。不过由于留给它在植株上成熟的时间更长，所以穆拉托干椒的颜色要深得多，辣味也更强烈一些。它常和安可辣椒、帕西拉辣椒（pasillas）一起制作成莫莱酱，也常给安其拉达卷（enchilada）*增添风味。2500—3000 SHU。

New Mexico No. 9
新墨西哥9号辣椒

在新墨西哥大学人工培育的所有辣椒品种中，培育于1913年的9号辣椒作为第一个利用科学配方成功研发的品种，留名史册。为了适应市场，它被培育成口味温和的辣椒，毕竟当时的美国人对辣椒入菜仍感到紧张疑虑。并且为了适应罐装销售，新墨西哥9号辣椒的塑形也经过人工干预，成为一种长长的、鲜红的安纳海姆型辣椒。直到20世纪中叶，新墨西哥9号辣椒在美国都以安纳海姆辣椒的标准广泛栽种。1000—3000 SHU。

New Mexico Sandia
新墨西哥桑迪亚辣椒

桑迪亚辣椒的出现，将新墨西哥9号辣椒从一直以来肩负的商业使命中解放了出来。桑迪亚辣椒于1956年在新墨西哥大学培育出来，是9号辣椒和另一种安纳海姆辣椒的杂交品种。

---

* 墨西哥名菜，玉米饼卷肉馅后，在上面覆盖一层辣椒酱。——译注

这种辣椒结出的果实长且宽，果荚扁平，看上去有点像红花菜豆。通常还未等完全成熟，就会以青绿色的状态采摘出售。5000—7000 SHU。

NuMex Twilight
暮色之光辣椒

暮色之光辣椒是新墨西哥州的杂交品种，1994 年由新墨西哥大学辣椒研究所开发。暮色之光辣椒也是果实颜色丰富的品种，生长周期里色彩斑斓犹如全色光谱。辣椒果由生涩转向成熟的颜色变化顺序为：白色—紫色—黄色—橙色—红色。当一株辣椒灌木上的硕果处于不同生长阶段时，五光十色煞是壮观。它源自泰式辣椒，也是一个味道热辣的品种。30000—50000 SHU。

Orozco
奥罗斯科辣椒

来自欧洲东部的奥罗斯科辣椒作为观赏椒再合适不过。它的叶子呈紫色、经脉为紫黑色，4 英寸长的果实状如胡萝卜，生长过程中会经历从紫色到灿烂橙色的转变。5000—20000 SHU。

Pasado
帕萨多辣椒

帕萨多辣椒的名字意为"昔日"，之所以如此命名是因为其是一个非常古老的品种，数百年来都为如今新墨西哥州一带的普韦布洛土著人所熟知。生命之初，它的辣椒果实外皮青绿，经过烘烤、去皮、连带辣椒籽干燥，在温水中浸泡不久后，绿色又会恢复。传统的食用方法是添加到黑豆汤和安其拉达辣椒酱中。帕萨多辣椒通常连着辣椒籽出售，虽然其貌不扬，但是味道比看起来好得多。2000—3000 SHU。

Pasilla

帕西拉辣椒

帕西拉辣椒是组成墨西哥莫莱酱的"辣椒三圣"的核心成员之一，另外两个分别是安可辣椒和穆拉托干椒。帕西拉也是一种干辣椒，它的新鲜辣椒称为卡其拉（chilaca）。脱水后的卡其拉辣椒外衣呈棕黑色，略微起皱；辣椒果长达 8 英寸，其果实带有的麝香、烟熏气息能给菜肴增添浓烈的芳香。市场上最常见的帕西拉辣椒是被磨成辣椒粉以后出售的，当地尤其流行一种叫作瓦哈卡的帕西拉辣椒，这种烟熏辣椒常用来制作墨西哥黑莫莱酱（mole negro）。1000—4000 SHU。

Peperoncino

若奇尼椒

意大利南部的一个辣椒品种，主要用作意大利面的酱料和比萨饼。它的味道十分温和、清甜，甚至还比不上甜椒的辣度。通常情况下，采摘出售的都是未成熟的绿色辣椒，并常常用来腌制或在油中保存。这种辣椒还有些希腊的变种，相比它们的意大利表亲，更少了些苦涩的味道。100—500 SHU。

Pequin

皮奎辣椒

和奇特品辣椒（见本章）一样，外形娇小的皮奎辣椒至今仍在墨西哥高地野生生长。体型虽小，但辣度爆棚。也因为小巧，皮奎辣椒可以整颗加到炖菜里，也常在油和醋中腌制或浸泡。由皮奎辣椒和迪阿波辣椒（arbols）制成的"娇露辣"（Cholula）辣椒酱是墨西哥最畅销的瓶装辣酱之一。30000—60000 SHU。

Peter Pepper

彼得辣椒

主要用作装饰，辣椒果实长度在4—6英寸。因为看起来像疲软的男性小丁丁，所以被叫作彼得辣椒。如今人们只能想象，维多利亚时代的先人会怎么利用它。得克萨斯州和路易斯安那州中心地带的人偶尔食用这种辣椒。至于它的味道——也许恰如其名，相当火辣。10000—25000 SHU。

Pimiento

西班牙甘椒

西班牙甘椒是一种呈心形、体型较大的樱桃辣椒，因其鲜艳的颜色和甜美滋味饱受赞誉。这样的特征也使人们常把它与西班牙语里的普通甜椒混为一谈。虽然西班牙甘椒的果实看起来像小甜椒，但其实它是另外一个品种。西班牙甘椒平均长4英寸，宽3英寸。辣度水平比较温和，类似于意大利的若奇尼辣椒（见本章）。100—500 SHU。

Pimiento de Padrón

帕德龙小甘椒

世界各地的西班牙餐馆的塔帕斯菜单中都有一种特色辣椒小吃——帕德龙小甘椒。"帕德龙"得名于西班牙西北角加利西亚的一个地区名。这种小吃通常的做法是，将西班牙甘椒快速用橄榄油油炸，之后加少许盐腌制，然后趁热咬掉辣椒梗开始品尝。帕德龙小甘椒的魅力之处在于辣椒的辣味是随机的。曾经它也算是具有辣味挑战的辣椒，4个辣椒里面一般可能会出现1个比较辣的，但现在也许是因为灌溉方式的改变，单个辣味突出的概率似乎越来越小了，可能10个里面只有1个会比较辣。500—2500 SHU。如果你运气好的话，能尝到最辣的那个。

Poblano

波布拉诺辣椒

新鲜的波布拉诺辣椒制作成干辣椒后，会被称为诸如安可辣椒或穆拉托干椒等不同名称的干辣椒（见本章）。波布拉诺辣椒起源于墨西哥普韦布洛，单个辣椒分量很足，通常长 5 英寸，宽 3 英寸。虽然成熟时的辣椒果会更红艳火辣，但人们更倾向于在它还未成熟、辣味也尚未强劲的青涩时期便将其采摘品尝。波布拉诺辣椒的身材大小及温和口感使其成为制作爆浆芝士辣椒（chiles rellenos，酿辣椒）的一种完美选择，而且它通常也是墨西哥国菜"核桃奶油酱辣椒"（chiles en nogada）的一个重要元素，这道菜由墨西哥国旗上红、白、绿三种颜色的配料制成。1000—2000 SHU。

Prairie Fire

草原之火辣椒

草原之火辣椒也称圣诞辣椒，是一个圆锥形的墨西哥品种。当它的辣椒果在灌木上处于不同的生长阶段时，数量繁多的绿色、黄色、橙色和红色的辣椒果在枝头闪耀，看起来像是老式的圣诞树装饰灯。它们的果实不仅外观显眼，含有的辣椒素也相当具有冲击力。70000—80000 SHU。

Riot

暴乱辣椒

暴乱辣椒也是一个果实朝上生长的品种。这些向上生长的橙色或鲜红色果实，让它看上去犹如民众暴乱时点燃的不安火炬。暴乱辣椒的名字里也暗含着它内部的辣椒素将掀起的灼热。常见的辣椒果长度在 3 英寸左右，最早是由俄勒冈州立大学培育出来的。6000—8000 SHU。

Santa Fe Grande

圣太菲大辣椒

圣太菲大辣椒是一个十分丰沛多产的品种，生长地在新墨西哥州以及贯穿美国西南部的地区。圣太菲大辣椒的辣椒果呈圆锥形，末端稍钝，有一种甜蜜的味道和温柔的辣味刺激感。500—1000 SHU。

Santaka

桑塔卡辣椒

桑塔卡辣椒是来自日本的品种，在其原产地常用作炒菜或辣椒调味料。锥形的荚果长约 2 英寸，果皮厚实，表皮细嫩，成熟后是像蔓越莓一样的深红色，味道尤其热辣。40000—50000 SHU。

Sebes

赛贝斯辣椒

赛贝斯辣椒原产于捷克共和国，也是一个颜色如香蕉、果皮呈蜡质的品种。它的辣椒果长度大约 1 英寸，扁平荚果宽约 5 英寸。果实成熟以后，会展现出黄澄澄的耀眼色泽。2000—4000 SHU。

Serrano

塞拉诺辣椒

原产于普埃布拉和伊达尔戈州山区的塞拉诺辣椒常常出现在墨西哥料理里，薄脆的外皮使其做法多样。它经常被拿来和墨西哥辣椒做比较，但其实塞拉诺辣椒的辣度指数更高，即使在青绿色状态下（一般食用塞拉诺青椒的情况比红椒要多），它的辣度也超过了墨西哥辣椒。一些塞拉诺辣椒品种的变种在成熟时会变成紫色。10000—25000 SHU。

Shishito

狮子唐辛子

日本的狮子唐辛子是一种长且瘦的辣椒品种，长约 4 英寸，外皮褶皱，常常在果实还处于青涩时就被采摘食用。如果想象力够丰富的话，这种辣椒末端看起来像是狮子的头（日语里狮子的发音是 shishi）。狮子唐辛子的做法一般是油炸，或与酱油同炖，或与鱼汤同煮。和帕德龙小甘椒一样，差不多 10 颗狮子唐辛子里会有 1 颗具有出人意料的辣度，不过即使这样它的辣度也不会太高。100—1000 SHU。

Super Chili F1
超级 F1 辣椒

超级 F1 辣椒起源于 20 世纪 80 年代的泰国辣椒变种，是一种易于种植、多产的品类。它丰硕的果实平均能长到 3 英寸，果皮颜色随不同的成熟阶段而变化，从绿色到橙色再到红色。超级 F1 辣椒这个名字，暗含着它的培育者对其辣度的雄心，不过时至今日，很多新研发的超级辣椒的辛辣程度已经高出它一大截。20000—50000 SHU。

Szentesi Semi-hot
森泰希半热辣椒

发源于匈牙利的森泰希半热辣椒属圆椒品种，果长 4—5 英寸，宽度 2 英寸左右。因其厚实的外皮很难干燥，所以并不适合拿来做红辣椒粉，而更适合用于填料和烧烤，做成酿辣椒。1500—2500 SHU。（如果"半热"听起来有点像牛奶加水那般温和，那就放心吧，现在它还有一个更火辣的变种。）

Takanotsume

日本鹰爪椒

这是一个日本辣椒品种，名称来自其犹如鹰爪的形状。鹰爪椒也属于果实向上生长的辣椒品种，枝头上的"红色爪子"有 3 英寸长，新鲜或干燥后可用于炒菜。20000—30000 SHU。

Tears of Fire

火之泪辣椒

火之泪辣椒是墨西哥辣椒一个相当"火辣"的亲戚，有着泪滴状的厚豆荚。从它的名字就可见端倪。从青绿色转变为棕色，到最后披上樱桃红色之时，就是果实成熟之日，也是准备好把你辣到热泪盈眶之时。30000—40000 SHU。

Thai Dragon F1

泰国龙 F1 辣椒

泰国龙 F1 堪称泰国厨房的常青藤。龙辣椒结出的果实外皮纤薄、色泽红亮，长约 3 英寸，直立向上生长的果实在末端逐渐变细变钝。它也称为泰国火山辣椒，可以为汤、炒菜、红咖喱和沙拉带来炙热的能量。50000—100000 SHU。

Tokyo Hot F1

东京热 F1 辣椒

虽然名字里有"东京"二字，但这却是一个墨西哥的杂交品种。东京热 F1 辣椒结出的果实十分细长，红色的豆荚在末端逐渐弯曲。它与卡宴辣椒算是同宗，不管在泰国菜、墨西哥菜，还是日本菜里，都能见其大显身手。20000—30000 SHU。

灌木辣椒

African Birdeye

非洲鸟眼辣椒

请注意不要把非洲鸟眼辣椒与泰国鸟眼辣椒混为一谈（虽然这种情况很可能常常出现）。泰国鸟眼辣椒属于一年生辣椒，而非洲鸟眼辣椒则是塔巴斯科辣椒的近亲（见本章）。它生长于低矮茂盛的灌木丛上，红色豆荚颗颗朝上，辣度了得。从 16 世纪它的辣椒种子传入非洲以后，逐渐长成了欣欣向荣的野生品种。几个世纪以来，当地人在炖菜、做汤和辣酱中都习惯加一点这种辣椒。有时候它又被叫作皮里皮里辣椒，这就又容易与另一种名为非洲魔鬼（African Devil）的辣椒混淆。150000—175000 SHU。

Bangalore Torpedo

班加罗尔鱼雷辣椒

这种印度辣椒十分类似于典型的卡宴辣椒，外形长而扭曲，长度大约 5 英寸，成熟时果皮从嫩绿色变成猩红色。通常会被用于炒菜或切块加入沙拉，它给印度各个地区的地方风味食物带来了恰到好处的辣味。30000—50000 SHU。

Bhut jolokia

印度鬼椒

又名印度娜迦椒（naga jolokia），名字来源于印度历史上的娜迦（Naga）武士，而另一种更令人难忘的名字是鬼椒，并在 21 世纪头 10 年后期短暂占据了世界上最辣辣椒的宝座。印度鬼椒最早在印度东北部的阿萨姆邦栽种，作为一个杂交品种，来自灌木辣椒和黄灯笼辣椒这两个辣椒大类。它扁平的豆荚外皮呈波状起伏，长约 3 英寸，宽约 1 英寸，成熟后展现为橙色、红色，有时还带有较深的巧克力棕。印度鬼椒所蕴含的辣度强烈得让人难以想象，所以在印度很少用于菜肴烹饪的配菜，但会用来做成那些能辣翻头盖骨的调味汁和调味品。850000—1000000 SHU。

Japones

四川天椒

四川天椒起源于墨西哥，因与迪阿波辣椒（见本章）有一些相似之处，在墨西哥当地偶尔会被弄混。到了东亚，它却成了一个独一无二的品种，在泰国、日本、中国，特别是中国四川和湖南的烹饪料理中出镜率很高。四川天椒的果荚很薄，末端弯曲，长达3英寸。市面上常见的四川天椒通常是整颗的干辣椒，不过它也常磨成辣椒粉出售。这种辣椒辣度范围跨度很大，末端最辣的部分辣度可达 25000—40000 SHU。

058 Kambuzi

小山羊辣椒

原产于非洲中部内陆国家马拉维，这是一种类似于哈瓦那辣椒的樱桃辣椒。它形似尖尖的樱桃番茄，果实从橙色到红色，颜色各异。它的本名"Kambuzi"的意思是"小山羊"，指山羊对这种辣椒植物叶子的偏爱。小山羊辣椒的辣度跨度很大，有时候辣度会相当高。50000—175000 SHU。

Malagueta

马拉盖塔辣椒

人们很容易把 Malagueta 与 melegueta pepper 混为一谈，而后者根本不算一个辣椒品种，而是一种俗称"天堂谷物"的非洲香料。在非洲，马拉盖塔辣椒也常归入皮里皮里辣椒的一类（见本章），但这其实也是张冠李戴。真正的马拉盖塔是一种原产于巴西的辣椒，后由葡萄牙人带到他们在圣多美、普林西比和莫桑比克这样的非洲殖民地。在巴西东部巴伊亚州一带，它的受欢迎程度至今未减。马拉盖塔辣椒的果荚长约 2 英寸，成熟时颜色红艳动人，口感也很是让人炙热难耐。60000—100000 SHU。

Siling Labuyo

斯林拉布约辣椒

这是一种原产自菲律宾的野生辣椒，在菲律宾群岛的料理中经常可见。Siling Labuyo 为他加禄语（通行于菲律宾群岛的语言），所表达的意思就是"野生辣椒"。斯林拉布约辣椒结出的果实呈尖芽状，长不到 1 英寸，向上生长。成熟季的斯林拉布约辣椒果颜色缤纷，有像万圣节的橙色，或血红色，甚至还有墨黑色。相较于这种辣椒的小身板，它的辣度超高，可达 80000—100000 SHU。

Tabasco

塔巴斯科辣椒

塔巴斯科这个墨西哥辣椒的名字已经永远成为麦基埃尼公司生产的塔巴斯科辣椒酱的同义词。自 1868 年诞生以来，塔巴斯科辣椒酱就一直闻名于世。塔巴斯科辣椒的果实通常不超过 1 英寸，颜色红亮，颗颗向上生长，鲜辣椒果的果肉多汁诱人。30000—50000 SHU。

黄灯笼辣椒

Adjuma

阿杜马辣椒

这种来自巴西的辣椒在市场上常与苏里南黄辣椒（Suriname Yellow，见本章）混淆。阿杜马辣椒结出的圆圆果实形似小甜椒，成熟后会变成黄色或红色。它的辣度可与最辣的哈瓦那辣椒一较高下。100000—500000 SHU。

Aji Dulce

甜阿吉辣椒

甜阿吉辣椒是委内瑞拉本地辣椒的一个变种，与哈瓦那辣椒算是一家。甜阿吉辣椒（又称为甜辣椒）的分布范围遍布加勒比海。在辣椒中属于较温和的一类，结出的果实个头硕大、奇形怪状。它的辣椒果常用来制作西班牙番茄酱和萨尔萨酱。500—1000 SHU。

Aji Limo

加长阿吉辣椒

加长阿吉辣椒比它的委内瑞拉表亲甜阿吉辣椒要辛辣得多。这是一个秘鲁的辣椒品种，状如球茎的辣椒果顶端逐渐变尖，果实长约 2 英寸。在进入完全成熟期前，加长阿吉辣椒会经历从胡萝卜般的橙色到火焰红色的一系列转变。它普遍流行的烹饪方法是做成柠檬汁腌鱼的调料。烹饪时，加长阿吉辣椒会释放出迷人的柑橘味道。50000—60000 SHU。

Carolina Reaper

卡罗来纳死神辣椒

自 2013 年到撰写本书时，官方认可的世界最辣辣椒仍然是这一种——卡罗来纳死神。卡罗来纳死神辣椒是由埃德·库里在南卡罗来纳州的普客·布特辣椒公司培育的。它有一个形似小钱包的褶皱果荚，外皮鲜红，直径不超过 1.5 英寸，底部的附属物形状用"黄蜂毒刺"来形容可以说恰如其分。经过温斯洛普大学的一个团队对一批辣椒的测试，死神辣椒的平均辣度为 1569300 SHU。但测量中研究者也发现，最辣的单颗死神辣椒，辣度能达到 220 万 SHU。这就意味着，只要有需求，就有可能出现平均辣度超过 200 万 SHU 的辣椒新品种。关于这一点，请参见本章中的"龙息辣椒"。

Datil

达蒂尔辣椒

达蒂尔辣椒的故事可追溯到 18 世纪 70 年代，在美洲引入地中海梅诺卡岛的契约劳工的过程中，达蒂尔辣椒也随着劳工们一起踏上了美洲大陆。如今，达蒂尔辣椒的种植地主要集中在佛罗里达

061

州的圣奥古斯都，仍然受到梅诺卡移民的欢迎。它结出的果实看起来形状怪异，辣度虽相当灼热，却带有一种令人愉悦的甜味，有点类似于哈瓦那辣椒的味道。150000—300000 SHU。

Dragon's Breath
龙息辣椒

2017 年，一位来自北威尔士登比郡圣亚萨，名叫迈克·史密斯（Mike Smith）的植物培育员，此前一直在与诺丁汉特伦特大学的一个研究项目合作，尝试培育一种有吸引力的观赏性辣椒。在这个过程中，他成功培育出的辣椒创下了新纪录。迈克给新辣椒命名为"龙息"，意在纪念威尔士龙，并声称该辣椒高达 248 万的 SHU 将会登上世界最热辣椒的新宝座。但同时有传言说，在"龙息辣椒"获得认证之前，来自南卡罗来纳州的培育者埃德·库里的普客·布特公司也在努力，很快就会出现一种更辣的辣椒（暂名为 Pepper X）。可见当今辣椒种植方面的竞争已经白热化，宛如一场军备竞赛。

Fatalii
法塔莉辣椒

法塔莉辣椒可能是哈瓦那辣椒的后裔，原产于非洲中部和南部地区。虽然也有红色和棕色两种变体，但具有辨识度的还是成熟时的香蕉黄色品种。它的辣椒果荚外皮褶皱，长约 3 英寸，宽约 1 英寸。熟透的辣椒果尝起来带有一丝清新的柑橘味道，常与芒果、菠萝以及柑橘类水果一起做成非洲辣酱。非常之辣。100000—325000 SHU。

Habanero

哈瓦那辣椒

哈瓦那辣椒是所有黄灯笼辣椒的祖先，也是国际烹饪界最知名的辣椒之一（哈瓦那辣椒以古巴城市哈瓦那命名，但是种植区域覆盖整个中美洲）。这种辣椒的人工驯化栽培史至少可以追溯到公元前 6500 年的秘鲁地区。哈瓦那辣椒偏爱炙热的热带气候环境，在那里它灯笼形的果实可以生长成熟到典型的橙红色，表皮覆盖一层薄薄的蜡质。辣度较温和的哈瓦那辣椒品种已经得以在得克萨斯州种植，而原始的哈瓦那辣椒则非常辣，辣度应该可以达到200000—300000 SHU。

Hainan Yellow Lantern

海南黄灯笼辣椒

海南黄灯笼辣椒，中文里叫"黄灯笼"，又俗称黄帝椒。它的辣椒果实小巧，果皮有细微的褶皱，果长约 2 英寸，果面有少许花纹，成熟时表皮闪耀着金黄光泽。它原产于中国南部沿海的岛屿省份——海南岛的南方一隅。最主要的做法是加工成辣椒酱。250000—300000 SHU。

Infinity

无限辣椒

2011 年，无限辣椒曾享受过短暂的风光时刻，占据世界最辣辣椒的宝座，然而转瞬之间，另外一个新品种辣椒娜迦毒蛇（见本章）就以迅雷不及掩耳之势超越了它。无限辣椒的培育者是来自英国林肯郡 Fire Foods 公司的尼克·伍兹（Nick Woods）。他培育出的这种辣椒果实有着心形外观，外皮褶皱、纹理粗糙，成熟后会转为橙红色。咬一口无限辣椒，首先品尝到的是清新的水果味，紧接着气势汹汹的灼热刺激便会占领口腔。1000000—1250000 SHU。

Jamaican Hot Chocolate

牙买加热巧克力辣椒

牙买加热巧克力辣椒的传奇起源于牙买加的安东尼奥港口。它最早亮相于贩卖的地点——港口的街市。在那里，这种辣椒小而皱的果荚闪烁着独特的黄褐色光芒，吸引着人们的目光。它的果实长度很少超过一两英寸，浓烈的烟熏味非常适合用来制作加勒比辣酱。100000—200000 SHU。

Naga Morich

娜迦默里奇辣椒

娜迦默里奇辣椒在印度也称为蛇椒，在英国则叫作多塞特·娜迦

（Dorset naga）。默里奇辣椒起源于印度东北部的阿萨姆地区，在孟加拉国一带也有种植。它有点类似于印度鬼椒（见本章），不过个头上更小一些。娜迦默里奇辣椒的果皮并不平滑，有小粒的突起，相比鬼椒它的辣度甚至更高。1000000—1500000 SHU。

Naga Viper
娜迦毒蛇辣椒

杰拉德·福勒在位于英格兰西北部的坎布里亚的辣椒公司工作，由他培育的娜迦毒蛇曾在 2011 年至 2012 年的短暂时间里荣登世界最辣辣椒的宝座，一时风头无两。娜迦毒蛇枯萎的外表看起来像干辣椒，但披着闪亮的红衣。从种属关系上来说它有三大祖先，分别是印度鬼椒、娜迦默里奇辣椒以及莫鲁加毒蝎辣椒。1382000 SHU。

Paper Lantern
纸灯笼辣椒

纸灯笼辣椒是哈瓦那辣椒的一个变种，它的果实较长，约3英寸，顶端逐渐变尖，成熟时表皮呈覆盆子红色。名字虽然听起来脆弱，但其实即使在严寒的气候条件下，纸灯笼辣椒也能结出丰硕的果实。新鲜辣椒果迸发出的辣度绝对炙热。250000—350000 SHU。

Pepper X

X辣椒

龙息辣椒是否比卡罗来纳死神辣椒更辣之类的问题很快会无关紧要，因为在 2017 年，普客·布特公司的埃德·库里培育出了一个新辣椒品种。被冠以神秘代码的临时名字（Pepper X）背后，是这种辣椒所拥有的平均超过 300 万 SHU 的辣度——差不多是死神辣椒辣度的两倍了。X辣椒的表皮长有小粒突起，黄中泛点淡绿色。截至目前，一直是 The Last Dab 辣酱的关键成分（辣酱的广告词是："这一下可够受的"）。2017 年 9 月，库里在自己的 YouTube 频道"热门辣椒"（Hot Ones）上披露了新品种的消息。消息一经放出，前来索求辣椒酱的人就在网上掀起了一阵热潮。无论何时，辣椒的风头都不会过去。3000000 SHU。

Red Savina

红色杀手辣椒

来自美国加州核桃市的红色杀手辣椒，在 21 世纪头 10 年曾享有世界最辣辣椒的桂冠。直到 2007 年，它的地位被印度鬼椒所取代。红色杀手辣椒浑圆的果实成熟时带有洋红色，辣度高到接触时必须得隔层衣物，否则皮肤会灼伤。350000—550000 SHU。

Scotch Bonnet

苏格兰帽辣椒

和它的亲戚哈瓦那辣椒一样，苏格兰帽辣椒也是黄灯笼辣椒里比较出名的品种。它的得名来自苏格兰民族服饰里一种叫作 tam-o'-shanter 的带圆顶的平顶帽。在加勒比岛上，苏格兰帽辣椒已经成为一个经久不衰的宠儿，当地的生产商还培育出了一些更甜的变种。在中美洲和非洲地区，它也是一种常见的辣椒品种，成熟过程经历果皮颜色由橙转红的变化。苏格兰帽辣椒常用于各色菜肴烹饪和瓶装辣椒酱的生产制作，最具特色的做法莫过于为烧腌制鸡肉或牛肉增添火辣的滋味。100000—400000 SHU。

Suriname Red（or Yellow）

苏里南红（或黄）辣椒

该品种原产于南美洲北部的苏里南（原名荷属圭亚那），是一些相关品种的杂交辣椒。苏里南红辣椒的外形粗短又弯曲，果皮上覆盖皱褶，果肉辣椒素含量较高。它被称为珍妮特夫人（Madame Jeanette，来自一位著名的巴西波德洛庄园主的名字）的黄色品种受欢迎程度更高，而且它与苏格兰帽子辣椒和哈瓦那辣椒的亲缘关系更近。据说黄色的苏里南辣椒在成熟时会带有一丝菠萝的味道，而红色品种更带有一种香草的芳香。100000—350000 SHU。

066

Trinidad Moruga Scorpion

特立尼达莫鲁加毒蝎辣椒

特立尼达莫鲁加毒蝎辣椒与壮士 T 特立尼达莫鲁加毒蝎辣椒（见本章）算是亲戚。莫鲁加毒蝎辣椒得名于它原产的特立尼达中南部的三圣山，培育者名叫瓦希德·奥格尔（Wahid Ogeer）。2012 年到 2013 年是其身为世界最辣辣椒的辉煌时刻。莫鲁加毒蝎辣椒结出的辣椒果实矮胖圆润，成熟时外皮呈猩红色，尝起来有一丝清甜的风味，当然，少不了的还有伴随密集辣椒素而来的灼烧感。1200000—2000000 SHU。

Trinidad Scorpion Butch T

壮士 T 特立尼达莫鲁加毒蝎辣椒

壮士 T 特立尼达莫鲁加毒蝎辣椒是世界最辣辣椒争夺战中的又一位短暂获胜者。作为曾经世界上最辣的辣椒，它源起于不那么辛辣的特立尼达辣椒，不过在密西西比州种植者布奇·泰勒提供辣椒种子的助攻下，也曾摇身一变成为最辣的辣椒，因此备受瞩目。就像卡罗来纳死神一样，它的果实底部伸出了一根宛如黄蜂粗刺的形状，成熟后会变成醒目的猩红色。毒蝎辣椒在它的发源地特立尼达和多巴哥生长良好，常用来制作瓶装辣酱。而让毒蝎辣椒热辣非凡的秘诀在于，为其生长土壤施肥的原料来自蠕虫养殖场的处理液。当你把辣酱涂在牡蛎上时，可能不想多知道这些细节背后的运作原理——被蠕虫吃掉的死昆

067

虫中的甲壳素会触发辣椒的天然防御系统，促使它们产生更多的辣椒素，也因此辛辣异常。辣度高达 1463700 SHU。

下垂辣椒

Aji Amarillo

阿马里洛阿吉辣椒

这种黄色的阿吉辣椒是秘鲁最常见的辣椒品种，种植范围覆盖了整个安第斯地区。它的果实最长能长到大约 4 英寸，末端呈现锥形，辣椒果成熟时披上深橙黄色外衣。既可以以辣椒果的形式入菜当地美食，也可以制成萨尔萨酱；还常常以干辣椒和辣椒粉的形式出售。40000—50000 SHU。

Aji Limon

柠檬阿吉辣椒

柠檬阿吉辣椒属于秘鲁阿吉辣椒系列之一，但和加长阿吉辣椒截然不同。柠檬辣椒或者叫柠檬滴辣椒长约 2 英寸，果皮褶皱，成熟后的辣椒果色带有薄薄一层柠檬黄色。它的拥趸们坚持说，柠檬辣椒的得名不是因为它的果实颜色，而是因为它的果肉含有强烈的柠檬酸味；但另有些人坚持认为，其实尝起来它的肥皂水味比柠檬味更明显。柠檬辣椒可以整颗泡入伏特加酒里，为辛辣再添加一丝芳香的柠檬气息。15000—30000 SHU。

Brazilian Starfish

巴西海星辣椒

虽然成熟时宽只有 2 英寸，但巴西海星辣椒扁平、红色的果实确实展示出了海星独特的星形。它尝起来也有一种清甜的果香味和紧随其后的辣味冲击。烹饪时，必须以别出心裁的刀法来表现它的海星形状。10000—30000 SHU。

Christmas Bell

圣诞钟椒

对于辣椒来说要想长成圣诞钟椒这样的奇异造型可不容易。圣诞钟椒的形状为钟形，喇叭状底部探出犹如钟舌一样的条条触角。在它的老家巴西，人们将其称为 Ubatuba Cambuli，名字来源于发现它的两处地点名称。它还有一个名字叫作主教的帽子。成熟时，圣诞钟椒果实的颜色像是喜庆的圣诞老人红。它的味道在辣度表上属于比较温和的。5000—15000 SHU。

Criolla Sella

彩蝶椒

原产于玻利维亚高地的彩蝶椒绝对称得上一种如画般的美妙风景。它的果荚长约 2 英寸，金黄明亮。纤薄的果皮易于晾干。除了给稠厚的萨尔萨酱增光添彩，它的柠檬味和烟熏味在食材搭配中也独具一格。20000—30000 SHU。

Peppadew

佩帕丢辣椒

佩帕丢辣椒可以算得上是一种真正的全球性的辣椒品种，最早可能是在 1993 年，偶然发现于南非林波波省的一座花园里。佩帕丢辣椒的果实看起来像熟透的樱桃番茄，通常会腌制在甜盐水里出售。1000—1200 SHU。

茸毛辣椒

茸毛辣椒是五种人工栽培的辣椒中最罕见的一种，可能从未出现过野生品种。它在中美洲和南美洲的主要品种称为罗佐、罗克多，或是曼扎诺——最后一种名称的意思是苹果，因为成熟茸毛辣椒的果实形状看起来就像是一个小苹果。通常深红色、闪亮的果实直径只有 1 英寸左右，种子是像苹果果核那样的深褐色，而不是一般辣椒籽的白色。即使在相对寒冷的气候条件里，茸毛辣椒也可以生长并成熟。茸毛辣椒的名字来源于它叶子和茎上的茸毛。而伴随不同的种植区域，也有不同的区域性变种。比如一种称为金丝雀（Canario）的黄色茸毛辣椒，梨形的庞隆辣椒（Perón），以及在加那利群岛培育的加长版的罗佐长辣椒（Rocoto Longo）。根据种源和亚型的不同，茸毛辣椒之间的辣度有很大的差异。50000—250000 SHU。

第二部分

历史

3

美洲辣椒
辣椒在它的故乡

人类在中美洲和南美洲已经发现了二三十种野生辣椒，其中只有五种野生辣椒被驯化栽培成功。这五种辣椒的驯化时间都发生在哥伦布到达美洲之前。并且，如果对当今世界范围内所有能寻找到的辣椒追根溯源，会发现它们的祖先都脱离不了这五种辣椒中的一种。

最常见的两种辣椒—— 一年生辣椒和灌木辣椒，以及茸毛辣椒似乎最早被人类所驯化。驯化的发生地位于中美洲北部（很可能在今天的墨西哥地区）。考古证据表明，大约在 6000 年前，位于墨西哥东南部的提瓦坎谷地（Tehuacán Valley）一带的人们就已经开始食用人工栽培的辣椒。[1]通过对辣椒残留遗迹的分析，这里的辣椒应该都属于一年生辣椒。耐人寻味的是，五种辣椒中的另外两个辣椒品种——下垂辣椒和黄灯笼辣椒的发源地，虽然分属厄瓜多尔西南部的洛玛阿尔塔（Loma Alta）和雷亚尔阿尔托（Real Alto）两地，但有关它们的最早记录却足以证实，这两种辣椒几乎是在同一时间被当地人各自驯化栽培的。不同区域文化背景下，辣椒品种的发展也不尽相同，但有一点算是殊途同归——辣椒种植发扬光大的驱动力，是人们想要获得辣椒作物的热情。因为辣椒植株具有防腐和抗菌特性，对人类的健康有益，那么理所应当，要尽可能地提高产量、满足供应。

在人类社会最早期，如何食用辣椒？这个问题放到今天，我们依然只能依靠猜测，好在残留的化石证据让我们的一些猜想或推断有据可循。诸如烹调锅、磨盘、油嘴罐或壶等考古发现的容器上，都曾检测到辣椒残留物。通过这些残留物似乎可以断定，辣椒的最早期食用方式是磨成粉末或细细切碎。粉末或碎末状的辣椒接着被混入其他配料中，一起制成调料，用作菜肴的调味。但从人类历史的某个阶段起，厨房里的辣椒开始独挑大梁，被单独制成辣椒酱或萨尔萨酱等调味品。后一种做法萌芽的确切时间点难以确定，只能依据研究团队的发现，把发展时间段大致锁定在墨西哥古典时代中后期（公元前 400—公元 300）。该团队在墨西哥恰帕德科尔索（Chiapa De Corzo）的提瓦坎（Tehuacán）工作，根据他们的发现，当时辣椒的食用方式显然是作为单独备料，储存在一种带嘴的壶里。这样的油嘴壶在那个年代非常普遍。关于它的用途，最开始考古学家们认为只是用来把自身盛放的液体转移到较小的器皿中，类似于醒酒器，但壶里残存的辣椒遗留物却逐渐揭示出另一个真相，即油嘴壶本身可能就是一种盛器——有点像是瓶装辣椒酱的前身。由于辣椒酱对其他食物的味道会产生刺激性影响，即便是少量的辣椒，与食物混合也会串味，所以在公共用餐时，辣椒常常单独盛放。如果这些容器里当时存放的是一颗颗完整的辣椒果，那么考古遗迹中就应该有很大概率发掘出完整的辣椒籽。但事实并非如此，也因此说明，当时，辣椒籽在辣椒被制成调味品装满瓶子之前就已经一起碾碎；或者在整颗辣椒装进瓶子前就被单独挑出、提前剔除了，而后者出现的可能性明显较低。

装入瓶子里的是辣椒酱而非整颗辣椒，该推断可以从同一历史时期的磨盘和制作工具上得到证实。这些出土物上也有磨碎的辣椒残留物。当时研磨辣椒的主要方法为 mano 和 metate 法。mano 和 metate 法的具体操作是，先将要碾碎的食材放置于一个形状扁平、中部凹陷的大石头上（即 metate），然后手持一块肥皂大小的石头（即 mano）对食物进行敲打。这种古老的研磨技术最终被研钵（臼）和研锤的祖先——捣碗所取代。不过捣碗在墨西哥出现的时间比较晚，相关的考古证据最早也只能追溯到公元 1000 年后的古典主义时期。

油嘴壶里残留有辣椒可能还有别的原因，例如辣椒或许曾被人涂在容器内壁上，目的是更好地保存容器里的食物，同时还可以驱虫。考古学家还从一些遗留的痕迹中发现，有时候辣椒残留物似乎还会与草木灰掺杂，而这种混合物很明显是用来保存食物而非食用的。

以上发现来自墨西哥东南部，发现地覆盖了提瓦坎谷地以及今天的瓦哈卡州和韦拉克鲁斯州等地区。在墨西哥前古典时代中后期，该地区已经是两种闻名遐迩又一脉相连的文明的故乡。这两种文明分别是米塞（Mixe）和索克（Zoque），它们的语言相通，并且都被认为是中美洲第一个大规模文明——奥尔梅克文明的延续。16世纪时，西班牙征服者埃尔南·科尔特斯（Hernán Cortés）在给本国国王查理五世的信里报告说，所有的土著人里，米塞 – 索克人是唯一一个让西班牙军队难以征服的族群。部分原因在于米塞 – 索克人占据的地形险要、易守难攻，而另一部分原因在于当地人在保卫家园时骁勇善战。面对外来文化入侵，米塞 – 索克人同样全副武装，在自己的领土上严防死守。除了天主教传教士算是取得了一点微小的胜利，给米塞 – 索克人的精神宗教也带来了一些多样性，他们自己的文化一直延续到了今天。而与此同时，其他小型部落群体却因为外来征服的打击，或是因为没有天然免疫力，在接触欧洲疾病后遭遇大规模感染后灭亡，被抹去了痕迹。

恰帕德科尔索团队的发现还揭露了与辣椒有关的另一个问题，那就是无论作为位高权重者的墓地陪葬品，还是出现在举行庄严宗教仪式的寺庙建筑中，辣椒似乎总与上层阶级联系在一起。在悼念部落长者去世的葬礼宴席上，辣椒制品可能会被呈上以供食用，随后装过辣椒的空罐子和其他陪葬品一起埋放在坟墓里。我们在前文中已经说过，辣椒是一种仪式上的常用食物，除此以外辣椒还曾用作抗菌药品，所以把装有辣椒的碗和罐子存放在坟墓中的意思是守卫死者，保护他们顺利进入另一个世界。

早在中美洲世界的远古时期，辣椒就用作可可热饮的调味剂。在公元前1900年的奥尔梅克时期，准备辣椒热饮是一件奢侈的事情，从盛放辣椒饮料的容器——结构精巧、装饰美轮美奂的陶瓷罐上就能看出来。直到16世纪初，阿兹特克社会的上层阶级仍以这种方式享用可可，初次登上新大陆的西班牙殖民者也第一次亲眼见到这种习俗。16世纪60年代，伟大的人类学家、西班牙征服史研究者贝尔纳迪诺·德萨阿贡（Bernardino de Sahagún）在自己的日记里，记录了一种热巧克力饮品的制作和销售过程。在他列举加在饮品中的诸多调味品时，"辣椒水"首先出场，其次出场的是香草精、鲜花或干花以及蜂蜜。当我们追溯到远古时代，不禁会想到一个有趣的问题。辣椒和巧克力，究竟哪一个先出现？是像食物史学家们一直以来所坚信的那样，辣椒是给略带苦涩的热巧增添风味的诸多调味料之一，还是这种饮品最初就是一种辣椒食品，为了降低辛辣刺激的味道，才加入的可可？由于恰帕德科尔索团队在那些被辣椒涂抹内壁的容器里尚未找到巧克力的残余物，所以后一种假设似乎也有一些可信度。也许这种配方又是历史上一次无心插柳的成果。在用辣椒作为驱虫剂和防腐剂擦拭罐子后，不小心倒入一杯巧克力饮品，由此人们发明了辣椒的饮品调味功能。

即使奥尔梅克人也不是这段历史中最早的辣椒采集者。考古遗迹显示驯化野生辣椒开始的时间非常早，甚至早在陶器大规模生产之前。这就意味着最早的辣椒驯化者是来自遍布整个古代美洲大陆、以贸易为生的族群，是他们中的一些人安顿了下来，早早开始采集并驯化了野生辣椒。古植物学家琳达·佩里同意以上观点，并且认为野生辣椒的初次驯化发生在今天的秘鲁和玻利维亚一带。2007年2月，《科学》杂志报道了琳达团队在厄瓜多尔南部的发现。他们发现了大约6250年前的栽培辣椒的痕迹。由于该地区没有野生辣椒，琳达推测，这些残留一定是从邻近地区带来的植物后代。[2]

按照这篇报道的观点，野生辣椒的最初驯化地是南美洲北部地区。驯化栽培后的辣椒因作为商品进行交易，向北延伸到中美洲和墨西哥。不过实际情况似乎有点与以上理论相矛盾——南美洲与中美洲这两个不同的辣椒种植区里，各有自己特色的一年生辣椒种类。这就有可能表明，野生辣椒缓慢的驯化栽培过程几乎于同一时间在美洲大陆两个相距遥远的不同地区发生。

如果想探寻辣椒在世界各地的发展轨迹，不可避免地要从烹饪的角度来细究辣椒的方方面面。辣椒应该搭配怎样的食物来吃？辣椒在入口前采用何种方式加工、处理？是用作调味品还是作为果蔬单独食用？

回到远古时期的美洲大陆，玉米是当地饮食体系里传播最

079

广泛的主食。栽培玉米最早的祖先野生玉米，至少可以追溯到公元前7000年，生长地约在今天的墨西哥中部。它体型微小，玉米芯十分纤细，长度不超过3英寸。野生玉米的后代——现在因大个黄色谷粒而为人所熟知的玉米，大约在公元前1500年被驯化发展起来。伴随奥尔梅克文明的兴起，沿着墨西哥湾，玉米以及因烹饪玉米而产生的技术、工具——浸水的磨石和压榨机，一路蔓延扩散。我们目前对奥尔梅克文明知之甚少，但能够确信地是，奥尔梅克人以玉米、豆类和南瓜这三大中美洲不可或缺的食物为生。在当时，玉米的食用可能要么被磨成粉，加水熬煮成一种西班牙语称为 atole 的稀粥，要么用叶子包起来做成墨西哥玉米粽，有点类似于中国的糯米鸡（莲叶糯米卷）。玉米可以与各式肉类搭配，肉类的范围包括鸟类、浣熊、鹿、负鼠、野猪和犬，以及一些海水和淡水生物，如龟、鱼、贝类等。奥尔梅克人的辣椒除了与南瓜、豆类、番茄、红薯一起种植在村庄外的田野里，与鳄梨一起生长在繁茂的热带雨林中，还会种植在特意清理过的林地上，在可可树灌木丛的附近——随处可见辣椒，为了制造奥尔梅克人毫无争议的最爱饮品——巧克力。

080

玉米食物和家畜肉类一起，构成了祭祀神灵仪式上最常见的供品。仪式通常在远高于地面的石台上举行。羽蛇神——半是神灵，半是凡人——的形象在后来包括阿兹特克人和玛雅人在内的中美洲文化中都十分常见。而类似的祭祀则很可能起源于奥尔梅克人，他们还相信掌管天气的神灵，负责阳光雨露。目前尚无法确定奥尔梅克人曾像阿兹特克人那样进行人祭。奥尔梅克文明并不以祭司阶层为中心，仪式上的祭品大多由各部落首领负责提供。

但是辣椒在奥尔梅克人的饮食文化中扮演了非常重要的角色。在用来烹饪的锅里、陶瓷容器和垃圾堆遗迹中，考古学家们发现的辣椒籽以及其他残留都能够证明，辣椒这种植物曾广泛渗透奥尔梅克人生活的方方面面。随着时间的推移，辣椒逐渐成为重要调味品。比如加入苦味的巧克力饮料里，或口味清淡的麦芽菜中，或者在加水或其他蔬果之后一起磨碎，从而制作成上层社会食物中辛辣的调味品和萨尔萨酱的基础风味。无论使用哪种调味品，能以调味品来为主食添色，本身就是精英饮食文化的特征之一。类似于一种锦上添花的作用，调味品虽然在营养上不是必要的，但增加了食物的味觉层次，带来更愉悦的饮食体验。

有一个放之四海皆准的规律，当一种食物成为饮食体系中的主要食物时，就不可避免地要面对可以说是完全对立的两种局面——普遍食用使它成为日常一日三餐中平淡无奇的组成部分；同时，也由于民众的广泛食用，它又成了一种不可或缺的存在。想象一下如果生活中没了盐会怎样。对早期的中美洲人来说，辣椒的重要性几乎等同于盐。如果再将辣椒当时还不为人所知的营养价值考虑在内，辣椒的地位就更加重要。到了阿兹特克时期，任何一顿饭，乃至任何一道菜，没了辣椒的那种单调乏味，就像西班牙航海家看到斋月禁食的日子逐渐逼近一样。辣椒用来给肉

081

和鱼调味，加到未发酵的扁面包里，还可以干辣椒的形式慢慢嚼着吃，据说这种吃法能预防疾病、强身健体。

除了吃，这种珍贵的植物食材还另有用途。在婴儿脚底擦上干辣椒，可以保佑其健康成长。燃烧辣椒产生的辛辣烟雾也大有裨益，用途既神圣，又实用。比如，辣椒烟雾既有助于在葬礼仪式上驱除恶灵，也可以是惩罚吵闹孩子的一种利器，只要命令他待在辣椒浓烟旁不动，就能让他有所收敛，一边流着泪咳嗽，一边自我反省。16 世纪 30 年代后期的《门多萨抄本》（*Codex Mendoza*）中有两幅相邻的画，画作创作时间大约在西班牙征服阿兹特克人之后 20 年。这两幅画清楚地展现了辣椒在育儿中的惩戒效果。一位母亲给她幼小的女儿看辣椒烟雾，仿佛在警告小朋友要乖乖的，而她的丈夫正惩罚性地把儿子的脸对准烟雾正上方。在许多地方辣椒也曾作为一种货币，而且在贡品体系中扮演着重要角色。比如哥伦布第一次航行时，墨西哥每个省的人民都有义务每年向皇帝蒙特祖马二世进贡 1600 包辣椒。

除了奥尔梅克文明，玛雅文明也同样璀璨，它在历史中逐渐发展，直至其文明覆盖了三分之一的中美洲大陆。玛雅文明的出现时间曾被认为是在公元前 2000 年左右，也就是所谓的前古典主义时代的初期。如今考古学家又把它的起源时间至少往前推进了 600 年。玛雅人喜欢与边境居民进行友好的贸易往来，由此也形成了大致相同的饮食习惯——玉米、豆类和南瓜三大碳水化合物，配以人工栽培的辣椒。1976 年，玛雅人的霍亚德塞伦遗址

（Joya de Cerén，萨尔瓦多西部）被发掘。该遗迹又被称为美洲的庞贝。公元前590年左右，一次火山喷发使村庄覆盖在连续14层的灰烬之下，从而完美地留下了一个运行中的农业群落的快照。在灾难爆发前几小时，木薯才刚栽种下去；灾难来临时，棉花籽还在磨碎压榨的过程中，很有可能是要做成食用油。食品店遗址里被挖掘出来的物件有番茄和辣椒，既是本地区也是影响周边各地区的重要食物。唯一缺席的是当地的人们。不同于庞贝的不幸遇难者，尽管火山爆发得如此突然，但很显然，当地人还是有幸及时逃生了。吃了一半就被丢弃的食物显示出当时的场景是多么惊心动魄。

玛雅文明最终在灾难面前戛然而止，而发端于1300年左右，位于中美洲地区的阿兹特克文明则是玛雅文明的继承者。在14世纪到16世纪西班牙征服者到来前的这段时间里，阿兹特克人统治着中美洲地区。相比玛雅人，阿兹特克人为人类留下的宝贵遗产，文明程度更高、范围更广。这些遗产包括书面材料、文物和建筑，以及某些资料中目击者对即将到来的欧洲人的描述。阿兹特克人对他们时而着迷，时而排斥。在饮食方面，阿兹特克人在放纵和节制之间寻找到一种十分经典的境界，即"平衡"。与欧洲大斋节要戒肉类和甜食不同，阿兹特克人在定期斋戒时会完全禁食调味品的基本要素——盐和辣椒，没有以上两者，食物尝起来索然无味，丧失了味觉的快感和满足感。辣椒是阿兹特克饮食文化中必不可少的要素，其重要性从阿兹特克在该地区的文化前辈玛雅文明中延续了下来。一路发展至今，辣椒品种多得让人眼花缭乱，已经发展出一个极其庞杂的体系，即使采用林奈分类系统*也未必能列数穷尽。

我们要再次有请西班牙方济会的修士贝尔纳迪诺·德萨阿贡。多亏了他对阿兹特克人村庄的生活方式进行了事无巨细的人类学描述，我们才得以在他被称为《佛罗伦萨法典》（Florentine Codex）的第十卷中一窥阿兹特克人及其习俗。这套书堪称土著生活方式百科全书，几十年来一直为满足西班牙君主对新世界的好奇渴望而持续书写。其中记载的新世界文字中就包括了一段美食史上最著名的对食品商人和他的商品的描写：

> 精明的辣椒商贩卖味道温和的红辣椒、体形宽大的辣椒、辛辣的绿辣椒、黄辣椒、各式辣椒酱。卖腌辣椒、酱辣椒；还卖烟熏辣椒、小辣椒、树辣椒、细辣椒、金龟子辣椒。他卖地狱辣椒、早熟辣椒、空心辣椒。他销售青椒、红尖椒、晚季辣椒，产自阿吉兹乌肯（Atzitziuacan）、土克米克（Tochmilco）、胡克萨泰派克（Huaxtepec）、米克亚肯（Michoacan）、亚纳瓦克（Anauac）、瓦斯特卡（Huaxteca）、齐齐参卡（Chichimeca）等地的辣椒。另外，他还出售串辣椒，以及在大肚锅里煮的鱼辣椒和白鱼辣椒。

---

* 由瑞典生物学家卡尔·冯·林奈（Carl Von Linné）开创的生物学分类系统，根据物种共有的生理特征进行分类。——译注

读这些列举清单有点像在读咒语的感觉，让人想起过去古老欧洲集市上的那些商人念念有词的吟唱贩卖声，不过德萨阿贡也毫不犹疑地展示了不那么愉悦的一面。一些无良辣椒卖家会出售"湿软的辣椒"，甚至最糟糕的"没有辣味的辣椒"：

> 无良辣椒商人卖臭辣椒、酸辣椒、坏辣椒、烂辣椒；被别人扔掉的辣椒、寒酸的小辣椒、辣椒皮。他还卖来自潮湿地区的辣椒、没有辣味的辣椒、没有风味的辣椒；畸形的辣椒、湿软的辣椒、未成熟的辣椒、嫩辣椒。[3]

再往南，位于南美洲上游高地的印加帝国在其全盛时堪称世界帝国之最。西班牙殖民者到来之前，这里分布着最广泛的拉美裔人种。印加人的起源因没有文字记载而丢失在历史中，不过最早似乎可以追溯到 13 世纪。当时他们作为一个游牧部落，出现在如今秘鲁的库斯科地区。从人口多元化上说，印加是一个当之无愧的帝国。它的种族构成十分多元，统治的 1000 多万人口中，没有混血的纯种印加人所占的比例不超过 0.25%。从 15 世纪 30 年代开始，印加文明通过疯狂的领土扩张，把自己推向了全盛时期。这样的盛况延续了差不多一个世纪。然而从 16 世纪 20 年代起，皮萨罗（Pizarro）兄弟领导的西班牙人征服了他们，使印加文明耻辱地毁灭了。一个接一个的部落首领被羞辱和处决。1572 年，印加人的最后一个据点陷落，由此印加人成为西班牙帝国王冠下的附属品。被迫前往战场，或是在银矿中当苦力，并在这一过程中种族逐渐灭绝。而欧洲疾病的迅速蔓延，使他们的处境更加残酷、危险。

印加人的饮食以数千种原产于秘鲁的野生马铃薯的块茎和根为基础，佐之以肉和鱼。通过干燥和腌制法，这些鱼肉得以在冬季的几个月里保存下来。印加人还实践了已知的最早的冷冻干燥法，将收获的土豆铺在布下，在山区定居点的寒夜中冷冻。清晨来临时，人们会在布上踩，把多余的水分挤出去，这样土豆就会在炎热的白天中暴露一整天进行脱水。这一过程在接下来的几天中循环往复，最后生产出一种既轻又能长久保存的食品（在西班牙本土克丘亚人［Quechua］的衍生产品中称为 chunño），是士兵在战争中的完美食物。

辣椒在印加人的饮食中扮演了重要角色。一年生辣椒和黄灯笼辣椒是食用最多的辣椒种类。和奥尔梅克人、玛雅人和阿兹特克人一样，印加人也把辣椒作为对抗邪恶灵魂的护身符，治疗疾病的灵丹妙药，以及可以买卖的商品。辣椒是印加神话基础的核心。印加神话里，有一个关于四兄弟和四姐妹的故事，他们在黎明时分走出洞穴，开始在地面上居住、繁衍。四兄弟中的一个有让植物恐惧的能力，因此取了一个可怕的名字叫作阿亚尔·乌丘（Ayar Uchu*，又名辣椒兄弟）。由北向南，印加帝国的领土横跨

---

*   Uchu，西班牙语，意思是辣椒。——译注

了四个不同的气候区，由此在领土范围内也种植了许多不同种类的辣椒。这些辣椒的辣度各不相同，又由此带来了它们所调味菜肴的千变万化。和阿兹特克人一样，印加人也会定期禁食盐和辣椒。当时纺织品和陶瓷制品上经常出现的辣椒形象，带有特色鲜明的印加文明特点。位于秘鲁南部的纳斯卡人（Nazca）也喜爱在他们的陶器上描绘、装饰辣椒图案。比如在3世纪到6世纪某地制造的双嘴罐，小小的罐身上就装饰有6个硕大的、颜色艳丽的条纹辣椒。

　　加尔西拉索·德·拉·维加（Garcilaso De La Vega）是一位印加历史学家。在1609年撰写的有关印加文明的文化发展历史的文章里，他曾指出辣椒酱在印加饮食中不可或缺的地位。在这里，辣椒加入任意一种烹饪菜肴中都是合情合理的。当法令严格禁食所有形式的辣椒时，法令颁布者才注意到这种植物对于日常生活的重要意义，以及它背后无可取代的神圣象征意义。德·拉·维加甚至为17世纪的读者描绘了当时该地区种植的三种辣椒中的两种（其中他未提及的一种辣椒是"crème de la crème"，当时只供印加统治者阶层食用）：洛克多辣椒（rocot uchu，厚辣椒），属于一年生辣椒的一个品种，这种辣椒果实像豆荚一样又长又厚；还有如今称作罗佐的辣椒——钦奇辣椒（chinchi uchu），辣味极强，十分罕见。罗佐辣椒看起来就像是茎上的一颗圆形浆果，属于栽培的茸毛辣椒。在书中某个片段，德·拉·维加用悲伤的笔触讲述了印加人如何向征服者弗朗西斯

088

科·皮萨罗和他的军队献上辣椒。可惜印加人的求和努力徒劳无功，反而激起了殖民者最恶劣、贪婪的意图。辣椒的真正胜利要等到它被运回欧洲之后，它在与伊比利亚半岛精致菜肴所使用的传统东方香料进行了一番比试后崭露头角，最终占据一席之地。

印加神话还有另一重隐喻，阿亚尔·乌丘象征一种向成年过渡的符号，成为成人仪式的一个核心要素。阿亚尔·乌丘的石头神殿矗立在华纳卡里山之巅，所有的印加青年都会在其生命的重要时刻登上山来到这座神殿，意味着由此成为一个男人。在一些其他的神话故事中，据说阿亚尔·乌丘的石头雕刻会突然复活，长出秃鹰样的翅膀，直击长空与旭日长谈，之后返回人间，为下一代的繁衍生息提供庇护。当新一代的年轻人从阿亚尔·乌丘的石头神殿回来时，幼年时蓄的长发已被剪短，耳朵上多了金色的耳饰，他们穿上了象征成年的第一件马裤，同时被赐予属于自己的第一件武器。在神话的叙事结构中，辣椒的辣味已经超越了味觉本身的意义，其辛辣的特征因为与生命的热量以及太阳的炙热类似，而被形象化为神圣的符号，同时还象征着从孩童向成人的转变。欣赏辣椒所蕴含的热辣，是印加人必须了解和学习的人生功课。代表印加神圣颜色的是红色和黄色，是红透的罗佐辣椒所绽放的色彩。

在前哥伦布时代漫长的千年历史中，辣椒的滋味只为中美洲和南美洲的土著人所知。辣椒对于烹饪的重要性不言而喻，所以哪怕是驯化后的栽培辣椒，品种也极其繁多。栽培辣椒品种的庞大家族充分体现了人们对辣椒的热爱。毕竟，辣椒既有实用的多种功能，也曾是让人们满怀敬意的象征。它可以预防、治疗疾病，可以用作食物保存、辅助消毒杀菌，也曾作为部落间贸易的一种商品。辣椒，曾是一种神圣的货币，是许多地区起源神话中的一种象征、一种祭品、一种荣誉，也是一种供奉神的食物。有时候，这种神的食物也可以为凡人所享用——或者至少就一些辣椒品种而言，会被族群中更有权势、地位的人享用。倘若假以正能量，辣椒或许还能帮人抵挡来自远方世界的敌意。

当欧洲征服者们遵循各自君主的使命登上美洲大陆时，他们一心想要的除了土地和财富，还有香料。有趣的是，这些欧洲人将美洲辣椒的许多属性与他们曾经熟悉的东方香料混作一谈——那些来自亚洲的香料可以烹饪美味佳肴，还可以用作药品、防腐剂，甚至春药。香料背后，是利润丰厚的商品经济；而香料贸易，在不同的民族文化之间建起了一座坚不可摧的桥梁。回到辣椒的故事，西班牙人眼里的辣椒已经具备了一切传统香料的特征，唯独少了香料的神圣感。生长辣椒的这片土地上缺少神圣与神秘，再加上殖民者固执己见地认为，相较于美洲土地上的野蛮人，自己的种族有着与生俱来的优越性。这就为之后欧洲人对当地人野蛮、残酷的掠夺埋下了伏笔。这场掠夺将美洲的辣椒连根拔起，继而带往更广阔的世界。

4
三艘船扬帆起航
哥伦布大交换

1492 年 8 月，帕洛斯·德拉弗龙特拉港口（Palos De La Frontera）有三艘船正整装待发。为了完成西班牙王室交代的使命，船上的人将在克里斯托弗·哥伦布的带领下，寻找一条能更快速通往印度和东方财富之地的海上线路。然而实际情况是，他们的航行方向与印度群岛完全背道而驰。但西班牙人却坚信不疑他们登陆的地点就是印度群岛，以至于今天我们仍然沿用他们的谬称，把加勒比群岛称为西印度群岛，相应地，美洲土著人在好几代的时间里都被外界误称为印度人。

1493 年 1 月，哥伦布结束了他的第一次航行，返回西班牙。这其实是一次短暂的旅行，从大安的列斯群岛出发，途经今天的巴哈马群岛、特克斯和凯科斯群岛，随后到达古巴和海地岛的北部海岸（今海地和多米尼加共和国）。这场长途冒险让旅行者们遇见了一群和平的岛民。其中一些岛民确实相当友好，以至于哥伦布在征得当地酋长同意以后，放心大胆地把 39 名船员留下与当地人相处了一阵。于是今天海地北海岸的拉纳维达德（La Navidad）成为新大陆的第一个欧洲定居点。虽然定居的时间不长，但初来乍到的征服者们不仅会见了当地人，还见识了当地的食物。

在经历了比远征更为艰难的大西洋之旅后，哥伦布回到西班牙，终于得以向他的王室赞助者——费迪南德国王和伊莎贝拉王后展示他亲自挑选的土著人。这些可怜人长着大眼睛，背井离乡，又经历了漫长航行的折磨，损兵折将，还好有 8 人幸存了下来。除了展示这些人，哥伦布还介绍了这些人吃的新奇食物。他展示的新大陆食物有：一种外形奇特的鸟类家禽，称作 Gallina de la Tierra（翻译成英语的意思是"陆地鸡"）。在世界其他国家，这种鸟类还有各式各样的名字，这些命名在语言学上的关联不大，但从地理上却涉及了印度、秘鲁，以及最耳熟能详的——土耳其 * 等国家。他展示了一种壮实、外表多刺的水果，能结出甜美多汁的金黄果肉——也就是菠萝。他带来了滋味甜美的番茄。很有可能，第一颗来自异域的谷物种子也是由哥伦布带来的。当时西班牙人对这种谷物尚不熟悉，最终命名为玉米。当人们点燃哥伦布带来的烟草，发现产生的烟雾能给吸入者带来何其美妙的

---

* 火鸡 Turkey，与土耳其的英文相同。——译注

体验以后，烟草迅速风靡全球。然而，哥伦布的船里唯独缺少了香料。

如果没有香料，那将是一个相当大的缺憾。要知道此次探险的全部意义就在于开辟通往亚洲中心地带的新航线，从而开拓更多的财富。一直以来，亚洲中心地带都是诸如胡椒、丁香、肉桂和生姜等香料作物的世界交易中心。香料交易利润丰厚，而那里的香料交易总量常年位居世界第一。但是此次去往新大陆，以上香料一个也没发现。哥伦布在后来的航行中一直固执己见，坚信自己在新大陆发现了肉桂和生姜，只不过是品种较平常的肉桂和生姜，味道要苦涩些而已（可事实比较遗憾，哥伦布所谓的"肉桂"其实只是一种普通的树皮，而他发现的"生姜"，则很有可能是不知道什么植物的根结）。然而，在这之外，哥伦布的确发现了一种香料。这种香料在新大陆似乎是当地人普遍使用的调味品。哥伦布在日志中写道："此地盛产阿吉（aji），这是当地人的胡椒，而且比黑胡椒更值钱。所有人吃的调味品只有这一种，阿吉，吃它能够强身健体。"

阿吉就是泰诺人（属于阿拉瓦克人的一支）和其他大西洋西部岛屿上的阿拉瓦克人所称的辣椒。直到今天，南美洲仍然流行把辣椒叫作"阿吉"，"阿吉"这个词也因此记录了辣椒的地理起源。关于辣椒，有些问题的答案目前尚无定论。比如说，辣椒是随迁徙民族的船只漂洋过海来到前哥伦布时代的岛屿，还是随将其吞入腹中又排泄出的鸟类飞行至岛上，以这种方式帮助其在新大陆繁衍？不过有些判断是毋庸置疑的，在哥伦布关于辣椒的记载里，就透露了两点重要信息。第一点是，哥伦布错将辣椒当成一种胡椒。因此，之后的几个世纪里，欧洲对辣椒的命名都源自一个错误的词源 pepper——"胡椒"。另外一点是，哥伦布曾满怀期望能在辣椒身上获得巨额财富。他的航行船队将满载辣椒而归，再将其倒手转卖，就能像历史上那些炙手可热的东方香料贸易一样，赚得盆满钵满。哥伦布想得没错，辣椒最终一定会成为欧洲乃至世界饮食界一种绝对重要的食材，但正如我们下文中将谈到的，辣椒不同于以往的东方香料，它绝不会成为国际资本炒作下的又一种"奢侈品"。

　　辣椒可不光是烹饪食材的简单调料。第一批新大陆的欧洲定居者在与当地人的作战中，就曾亲身体会了辣椒的玄机。战斗发生在哥伦布返回西班牙后不久，泰诺人袭击了西班牙人在当地的营地——拉纳维达德。营地从建立到化为灰烬，不过短短一年。也许是殖民者平日对土著人的轻蔑与践踏，最终引发了这场战争。1494 年初，沿着海岸向东，哥伦布建立了第二个殖民点，并以西班牙女王伊莎贝拉（La Isabela）的名字命名。它的庇护范围包括一座两层楼高的堡垒及周围约 200 座小型帐篷构成的营地。然而，在建立者哥伦布离开营地，忙着另一次徒劳无功的远东海上探险时，伊莎贝拉堡垒的统治被武力瓦解。殖民地的居民为了填饱肚子，突袭了当地人的食品仓，于是一场相当规模的战役就此爆发。

四个泰诺族组成的联盟向西班牙堡垒发起攻击。殖民者有杀伤力极强的钢剑，而泰诺族没有自己的金属武器与之对抗。于是，在进攻西班牙堡垒的过程中，他们使用了一种化学战的原型，即向西班牙人投掷装满土灰的葫芦，土灰里混有辣椒磨成的辣椒粉。当这些"辣椒炸弹"在堡垒的防御者中间炸开时，土灰把辣椒微粒散布到空气里，由此形成极具破坏性的粉尘。这种粉尘刺痛了殖民者的眼睛，遮住了他们的视线，呛住了他们的喉咙。在敌人陷入一片混乱之际，就是围攻的土著人行动之时。他们戴着有民族特色的印花头巾作为防护面罩，手起刀落，争分夺秒地解决掉了西班牙人。

　　1493 年，哥伦布第二次开往美洲的船只起航。这次航行的随行医生迭戈·阿尔瓦雷斯·钱卡（Diego Alvarez Chanca），即将成为把辣椒传播回国内的关键人物。在次年写给西班牙政府的航行记录中，钱卡列举了西印度群岛上各族原住民的主要食物。在圣多明各（海地岛），他遇到了卡马那（caumaná）树，不过他将其误认为一种肉豆蔻；还有些植物被他误以为是劣质的野生肉桂；他还看到戴在一个部落人脖子上，皱巴巴的"姜根"；金黄的天堂李子从树上掉落，其中一些已经在地上腐烂；他的所遇还包括棕榈坚果；岛上居民用来制作面包的玉米；一种被称为岁首（age，据推测可能来自丝兰属植物或甘薯）的块根；最后他提到了所见一切中最重要的一点，即不管是块根还是其他可食用的植物，烹调时都要用到一种必不可少的调味品："他们用一种叫作阿吉的蔬菜来调味，不管是捕到的鱼还是捉到的鸟，他们都要用这种蔬菜给肉类加上一种强烈的味道。在这个岛上，阿吉这样的植物有无数种。不管是岛上的任何角落，还是各种菜肴里，都能见到阿吉的影子。"[1] 换句话说，从他的描述里我们可以看出，辣椒在这些地区无处不在、用途广泛。

入乡随俗，旅行者们觉得当地的食物值得一试，不过他们的好奇心往往会遭到现实的沉重打击：想到要吃昆虫，他们身体本能的反应是后退一步；巧克力饮品上那层厚重、颜色不明的泡沫看起来很脏；当地人在烹鱼之前习惯挤出鱼眼睛咀嚼一番的习俗坦白来说令人作呕。对于一种长在毒番石榴灌木上，看似无害的水果（现在被称为死亡苹果），他们初次尝试、毫无防备之心。在钱卡的记录里，他写道："这个地方生长着各种各样的野果，其中一些已经由我们之中的莽撞之徒率先尝过。他们也只是用舌头碰了碰，表情立刻就像被火烧着了一样，紧随其后是强烈的灼热感和疼痛，让他们看上去难以自持，疯狂地四处寻找一些冰凉的东西来缓解。"[2] 然而，就像辣椒的最早尝试者没有接到任何预警一样，之后辣椒的每一次出场也都没人能预料到这个看似无害的水果有多"邪恶"。如果有人告诉这些旅行者，仅仅不到一代人的时间里，他们家乡的人就会兴高采烈地用辣椒制作美味调味汁，给鱼、肉调味，他们一定觉得人们都疯了，辣椒这么邪恶的东西已经渗透到了文明社会。

哥伦布早已敏锐地发觉辣椒在当地饮食中的重要地位，虽然按照资本市场的惯常逻辑，普遍存在的辣椒并不值钱，但他对自己说，这些都不能阻止贩卖辣椒成为下一个"掘金地"。首次航行时，他就注意到："当地的印第安人所使用的胡椒香料不管在产量还是价值上，都更胜黑胡椒或几内亚胡椒一筹。"从那时起直到现在，在欧洲人的命名体系里，只要是辛辣的东西都坚持冠名以 pepper，尽管辣椒与黑胡椒（Piper Nigrum）或几内亚胡椒（Afraomum Melegueta）从生物学上来说没有任何关系。后者是一种鲜红色的果实，尝起来味道辛辣，常被叫作"天堂谷物"，现在仅在专门的熟食店出售。接下来的比较也许会更清楚。这种香料原产于西非，和啤酒花一样生长在藤架上。从 15 世纪中叶起，葡萄牙商人首先将其运到了欧洲，很快成为海上贸易中的一种商品。另一条传播路线是通过跨越撒哈拉地区的大篷车，与西非黄金交易和奴隶贸易的路线相同。到了哥伦布大航海时期，印度的黑胡椒被称作"黑金"，而几内亚胡椒在欧洲市场上的价值甚至比印度黑胡椒更为昂贵。尽管类似这样的大宗商品分销流程跟天堂一词没有丝毫联系，天堂的概念——与时间一样古老神秘的象征性——仍是香料贸易中充满异域向往的核心。正如香料历史学家杰克·特纳（Jack Turner）所说的那样："数世纪以来，香料和天堂之间都难以分割，它们紧密的关系经过时间的洗礼，已经深入人心。"[3] 从东方出发的香料之路迂回曲折、节点繁多，如此零碎的路线结构，使得参与其中的每一位交易员除了自己的上下线，对其他经销代理一无所知。如果香料的地理来源对交易者本身都如此神秘，那么对于欧洲市场的消费者来说则更是完全未知。所以来自遥远加勒比的辣椒或许有可能成为比"天堂谷物"更有利润可图的进口作物，听起来辣椒的前景格外诱人（让本来已经混乱的辣椒、胡椒名称乱上加乱的，是巴西辣椒的一个主要品种，属于灌木辣椒下的一个分支品种，如今称为马拉盖塔的辣椒。而这个辣椒品种从生物学分类上其实与"天堂谷物"没有任何联系*）。

在钱卡医生的陪同下，哥伦布开启了第二次加勒比群岛之旅，他在旅途日记中再次写到辣椒："这些岛屿上也生长着类似玫瑰灌木样的植物丛，结出的果实大小跟肉桂差不多，密密麻麻的果实尝起来像胡椒一样辛辣；这里的加勒比人和印第安人吃起这种水果非常自然，就像我们吃苹果一样。"在欧洲人接触辣椒的早期，人们误以为辣椒籽是辣椒最辣的部分，不过根据与胡椒相比较的言论表明，哥伦布已不再将这种植物跟胡椒视作一种东西。辣椒可以整个吃掉，这一点对欧洲人来说很是奇妙。几内亚胡椒的做法是从果实里提取种子，但辣椒是可以直接整个吃掉的，欧洲人对此充满好奇，觉得这种做法很是特别。

与此同时，1493 年 9 月的一份期刊上终于揭示了辣椒和胡椒的关系。皮特·马特·德安吉拉（Pietro Martire d'Anghiera）是

099

---

* 天堂谷物（Afraomum Melegueta），又名椒蔻、几内亚胡椒、天堂椒等，属于姜科，是产自西非的一种香料植物。巴西的马拉盖塔（Malaguela）辣椒无论是拼写还是用法上都容易与其混淆。——译注

一位来自意大利的历史学家，他效力于西班牙宫廷，是西班牙王子的导师。经过对哥伦布航海队伍里一些人的细致采访和调研，他在一本简略的民族志著作《新世界》（*De Orbo Novo*）里记录下了加勒比本地辣椒的准确分类，在当时已经非常了不起。"关于从加勒比群岛和新大陆上采集到新胡椒的消息沸沸扬扬，不过这些消息都遗漏了重要的一点——采集到的新胡椒其实不是胡椒。尽管它也有强烈的味道，且也一样为人所重视，但它跟胡椒不是一回事。在当地人，人们叫它 axi，它的植株长得比罂粟还高。而一旦投入种植和食用，就再也不需要白胡椒了。"[4]

这种非胡椒的"胡椒"逐渐受到欧洲人的青睐，不过就像很多新食材最先受到的礼遇一样，一开始欧洲人认为辣椒最大的优点在于其医疗用途。一位西班牙医生在 16 世纪 70 年代声称辣椒的功效有（作者在这里将原话翻译成了英语）："它能缓解不适，能通肠顺气，能清新口气，而且能缓解紧张焦虑，能用来治疗、安慰和强壮食用者。"

踏上横跨大西洋、开启殖民和征服之路的不只西班牙人。他们的伊比利亚邻居——葡萄牙也是大航海时代位居世界前列的强国之一。与本土局促的土地面积相比，葡萄牙海外殖民的触角所及和影响力范围要广阔得多。1494 年，对所谓的新世界的土地，西葡两国将其视作战利品。两国在瓜分问题上一拍即合，签署了《托尔德西里亚斯条约》。他们在南美地图上画下了一条名义上的经线，名曰托尔德西里亚斯子午线。此线将东部的广袤领域归为葡萄牙统治，西部的大片地区归西班牙统治。实际运行时，《托尔德西里亚斯条约》往往更多时候是被拿来违反而非遵守的。双方在制定最新地图时会为了自己多分一杯羹而将线时而左移，时而右移。不过《托尔德西里亚斯条约》的两个签署国心里都清楚，在争夺欧洲以外的资源时，避免内讧才能获利更多。1500年，葡萄牙航海家佩德罗·阿尔瓦雷斯·卡布拉尔（Pedro Alvares Cabral）远征登陆，登陆地在今天的巴西海岸。佩德罗以曼努埃尔国王的名义，声称葡萄牙拥有该登陆地的统治权。而葡萄牙在全球的殖民规模意味着，这片新占领的土地注定要与葡萄牙在西非的殖民领地紧密相连。新种植园里劳作的土著人，工作上若有丝毫懈怠，就有可能被强行运送到西非，作为非洲黑人的劳动力补充。这就是我们所知的长达数百年的反人类罪行——奴隶贸易的开端。

甘蔗属于集约密集型种植的作物，其工业化生产的种植规模，足以满足人们日益嗜甜的口味。在欧洲，经过糖的洗礼，人们对于甜味的追求像野火一样快速蔓延。而回到辣椒，葡萄牙人从巴西原住民的饮食里见识到辣椒后会出现的反应，往往与西班牙人在遥远北方所遇到的如出一辙——最开始，欧洲人对辣椒的理解可以说是一片空白。与哥伦布一样，葡萄牙人把辣椒带回了自己的家乡，他们的辣椒很有可能是从西班牙人那里得到的，算是最早的少量进口尝试。然而接下来所发生的情况表明，不论是在西班牙还是葡萄牙，最开始辣椒都是作为一

101

种珍稀植物来对待的，种植在家庭庭院中，而没有给辣椒任何可发挥美食作用的余地。不过，最终这些探险者以及随后而来的殖民者，在踏上辣椒的原产地以后，尤其是来到辣椒种植园以后，开始对辣椒产生了真正的兴趣。就像历史学家莉齐·克林汉姆（Lizzie Colingham）所描绘的那样，"西班牙人食用辣椒的方式与食用黑胡椒的方式大同小异。他们用辣椒给猪肉菜肴调味，还由此发明了味道更火辣的伊比利亚主菜。据说来自墨西哥西部托卢卡山谷（Toluca Valley）的甜猪肉加上辣椒，制成的乔利佐香肠能与西班牙本土的任何一种香肠一较高下"[5]。

辣椒的实力很快就会打消有关辣椒烹饪价值的任何疑虑。1535年，西班牙旅行者兼历史学家贡萨洛·费尔南德斯·德·奥维耶多·伊·巴尔德斯（Gonzalo Fernández de Oviedo y Valdés）在他赫赫有名的《印度自然通史》（*General and Natural History of Indies*）中提到，西班牙和意大利的厨房中辣椒被频繁用作调味配料。寒冷的冬季里，食用辣椒对健康尤为有益。另外，如果需要给鱼和肉类调味，辣椒的表现也比传统的印度黑胡椒出色。

辣椒最终也在葡萄牙找到了它的烹饪融合之道——比如红辣椒酱。难以想象如果少了这种辣椒酱，今天的葡萄牙菜会是什么样子。不过葡萄牙人接受辣椒的过程也经历了一番曲折。进出伊比利亚半岛的西班牙船只经常在里斯本停靠，将其作为始发港或

102

终点站，由此辣椒在西班牙和葡萄牙的烹饪文化中得以双线同时发展。辣椒在当时很可能像玉米一样，已经通过葡萄牙人进入欧洲。辣椒历史学家让·安德鲁斯（Jean Andrews）认为，早期，辣椒有可能种植在大西洋中部的亚速尔群岛和马德拉群岛（尽管现在仍是葡萄牙的领土，但是自治领土）、西非以外的佛得角群岛、国际殖民地黄金海岸上的几内亚，以及更南端的安哥拉等地的早期种植园里。这种零敲碎打式的传播方式最早发生在 15 世纪末，据说开始于葡萄牙商人从一位历史中没有记载名字的西班牙人那里买来辣椒种子。交易可能发生在西班牙本土，也有可能发生在西班牙在美洲的殖民地。理论上讲，《托尔德西里亚斯条约》的条款禁止葡萄牙人前往西班牙的美洲管辖地。虽然穿越边境线并非不受阻挠，但在当时，驻守在边境、穿着制服的西班牙官兵也就十几人。辣椒从西班牙扩散到葡萄牙还有一个关键因素，那就是与西班牙相比，葡萄牙人更加重视专业的园艺，种植技术也更为精湛。而在西班牙，上层阶级则倾向于把对植物学的涉猎看作一种粗鄙的爱好。

伴随 16 世纪的到来，关于辣椒的转折拉开序幕。葡萄牙海上贸易的触角伸向全世界，也将辣椒传播到非洲和亚洲，融入当地的烹饪文化，由此掀起的变革，速度惊人且影响深远。如果说辣椒在欧洲菜肴已有的众多调味品中逐渐找到了自己的一席之地，为欧洲之味添加了一丝微妙的辛辣滋味，那么辣椒在亚洲和非洲，尤其是亚洲烹饪界的地位可以说是无可取代。辣椒难以撼动的地位源自这种用途广泛的植物对各种生长条件的适应性都极强，不同品种的辣椒在世界各地不断迭代更新。易于种植、便于运输，所以在历史上辣椒的经济价值从未像胡椒和生姜那样享有香料奢侈品的地位，但辣椒至少被世界四分之一的人口所热爱和食用，这是其他香料难以匹敌的。

5

烈焰的足迹
辣椒的亚非之旅

如果要给全球化这一宏大的历史事件确定个精确的开端时间，那么人们常常将 16 世纪初的哥伦布大交换作为起点。番茄、土豆、红薯、玉米、豆类、花生、凤梨、巧克力，以及辣椒等新食材源源不断地从美洲涌入欧洲，而欧洲烹饪文化中的主要肉类来源——畜养的牛、绵羊、猪和山羊则逆向流入新大陆。伴随伊比利亚人以及随后而来的其他欧洲国家的加入，这种双边贸易带来的互利更进一步增大。欧洲贸易国家沿着既定的殖民和贸易路线，向南进入非洲，向东到达中东和中亚，辣椒也从欧洲的中心地带运往世界其他地方。传统欧洲中心地区的饮食口味有着严格的阶级分层，在早期，只有欧洲社会的上层才能接触到辣椒这种新的舶来品，贸易运输范围的扩大，对辣椒在全球的迅速传播起
到了至关重要的作用。

辣椒融入非洲烹饪文化的过程尤为迅速，到了16世纪早期，已经有总量巨大、品种繁多的辣椒引入非洲，并且不可避免地卷入奴隶贸易中。葡萄牙的奴隶贩卖商们在买卖人口时常用辣椒代替部分金钱来支付，因为辣椒在早期葡萄牙殖民地中是每日生活所需，其重要性约等于货币。非洲大陆上辣椒得以广泛传播的背后，还隐藏着一个居心叵测的政治原因。奴隶贩卖商们从其贩奴经验中发现，如果捆绑贩卖的一批非洲奴隶来自同一区域，那么他们集合起来反抗的可能性就较大。为了降低这种风险，奴隶贩卖商每次都会从自己非洲殖民地的不同地区招集奴隶。所以每一批被贩卖的奴隶里，每个人之间都没有相同的语言或文化，因此合作发动起义的能力大大削弱。从另一方面来说，奴隶商们的这个策略也将远离西非、与世隔绝的佛得角群岛与今天非洲东南部的莫桑比克联系了起来。因此到了16世纪末，由奴隶贩卖商们所带来的辣椒也跨越了非洲广袤的地理距离。当然，除了奴隶贸易，辣椒在非洲的传播路径还包括了非洲内陆的普通货物贸易。但没有什么途径能像奴隶贸易那样，行之有效地将辣椒大面积散播开来。历史上奴隶贸易持续了几个世纪的时间，这期间被贩卖到异域他乡的非洲人逐渐把融合了辣椒的非洲辛辣菜肴带入加勒比和南美的种植园。17世纪时，关于辣椒的不同美食文化在新大陆上交流渗透，几乎所有人都忘了，从非洲而来的辣椒并非是迁徙到了新大陆，而是回到了自己的故乡。

辣椒为什么能在非洲大行其道？因为在非洲，至少在西非地区的饮食习惯中，早就有偏爱辛辣味道的传统。"非洲菜已经很辣了，"食物记者安吉拉·加贝斯（Angela Garbes）曾经写道，"他们一直使用本土一种名为'天堂谷物'的胡椒，所以他们在遇到辣椒时爆发出的热情也就不足为奇。"[1]到了 17 世纪末 18 世纪初的时候，英国人毋庸置疑稳居大西洋奴隶贸易的霸主地位，这时的辣椒也已经成为泛非洲饮食文化中不可或缺的一部分。辣椒食材的地位如此重要，以至于每次起航时，贸易商都要确保他们的船只上除了其他的补给品，还必须装载有足够的辣椒。

奴隶贸易为非洲大陆带来了遍地的一年生辣椒、灌木辣椒，黄灯笼辣椒有可能也是这个时候被带到了非洲。除了奴隶贸易，推动辣椒在非洲大陆上传播的还有一些不那么残酷的推动力，比如在非洲市场上一些尝试性的商业营销活动。16 世纪以后，西班牙和葡萄牙的探险家们逐渐深入西非腹地，直达刚果盆地。他们带来了辣椒或辣椒籽，这些辣椒或用作交易，或是通过传教士来传授辣椒栽培技术，或者没有原因，只是他们殖民定居活动的一种习惯。接下来的一个世纪中，辣椒的传播又拓展出一条支线。英国、荷兰和法国的殖民者把自己植物园里试验栽培或基于装饰目的栽培的辣椒带到了非洲。他们觉得，既然辣椒本就是一种起源于天气酷热的中美洲和南美洲的植物，那么在同样炎热的非洲气候下也很有可能茁壮成长。

在非洲站稳脚跟的有两个主要的辣椒品种，其中一个是一年生辣椒，这个品种主要是作为食用蔬菜；而另外一个辣椒品种是灌木辣椒，目的则主要在于加工成辣椒酱料和其他调味品。直到今天，五花八门的辣椒酱仍是非洲大陆许多地方厨房中随手可及的备用配料和调味品。哈瓦那辣椒在非洲很常见也很受欢迎，但要想获得更热辣的滋味，许多食谱里都少不了诸如苏格兰帽辣椒、鸟眼辣椒，或杀手辣椒的助力。杀手辣椒属于哈瓦那辣椒分支下特别辛辣的一个品种。在非洲，辣椒常与番茄、洋葱、大蒜、盐、胡椒、香草（主要是马乔莲、罗勒、月桂、欧芹）和其他香料（生姜、芫荽籽、红辣椒粉）一起在油中捣碎。这种捣碎的糊状物放到食物的历史中看，可算是葡萄牙辣椒酱的一个非洲变种。在一些非洲地区，鸟眼辣椒又被称为皮里皮里，或派里派里（peri peri）（翻译成英语就是 pepper pepper，后一种叫法常出现在覆盖了非洲东南部，包括斯瓦希里语在内的班图语系中）。[2]

如果把贸易全球化看成一个精彩故事，那么这个故事由同一时间、多个方向齐头并进的快速发展共同拉开序幕。纵贯 16 和 17 世纪，西班牙和葡萄牙的贸易船只画出了跨越大西洋和太平洋的海上新航线。他们的贸易船只将殖民地的开拓者、传教士，以及劫匪、海盗等三教九流带到美洲、加勒比海，以及大西洋和太平洋岛屿沿岸新建的城镇和种植园。1497 年，葡萄牙航海家瓦斯科·达·伽马在追寻香料的旅途中，经过非洲南端的好望角、穿过印度洋返回北方，在这过程中他发现了经由霍尔木兹海峡进入波斯湾的新通道。1510 年，印度西海岸的果阿邦（Goa）成为葡萄牙海外殖民的前哨；向东则扩展到马来海岸的马六甲，这是一条利润丰厚的通道，来自摩鹿加群岛和印度尼西亚东部的肉豆蔻和丁香经这里运到欧洲，或向南运往中国南部的澳门。1571年，西班牙征服者宣布菲律宾的马尼拉为其东部帝国的总部，由此跨越太平洋，在美洲——墨西哥、巴拿马以及被他们征服的印加帝国秘鲁与东南亚之间，建立起一条危机四伏又熙熙攘攘的货运和客运航线。

西班牙人从墨西哥的阿兹特克人那里学到了用磨石碾碎辣椒和其他香料的处理技巧，并为新大陆的定居者所采用，之后被他们的后裔克里奥尔人*继承下来。想要制作莫莱酱，需要将肉先熬煮一番，再加入用磨石碾碎的香料。在普埃布拉州，克里奥尔人中间流传着一种加入了辣椒和巧克力的普布拉诺莫莱酱（mole poblano）。另一种在烹炖家禽时常会用到的酱汁叫作梅斯蒂索（mestizo）。这是一种以番茄为基本原料的辣椒酱，加入了大蒜和芫荽。mestizo在美洲有"混血儿"的意思，正如这种酱汁的制作原料结合了从欧洲和伊斯兰传入的食物，同时也加入了本土的番茄和辣椒，当然，与这种酱汁同烧的家禽——鸡也是从欧洲传入美洲的。类似这样的辣椒食谱在之后又传到了西班牙人在菲律宾的殖民地，尽管当时菲律宾人还不能迅速理解辣椒在烹饪里的妙处，就像食物历史学家雷切尔·劳丹（Rachel Laudan）

---

*　克里奥尔人（Criolle），一般指的是欧洲白种人在殖民地移民的后裔。——译注

曾经描述的那样："在大多数地方（或许除了北非），干辣椒不再经过入水浸泡、剁碎后制成鲜美的辣椒酱。在当时，那里的人们可能也没有完全领悟到辣椒的功效，不懂辣椒能为菜肴带来赏心悦目的颜色、增添菜肴的口感，也没有想到能用辣椒的果味增加菜肴的味道层次。"[3]

辣椒由葡萄牙人从巴西经过里斯本运往他们的飞地果阿地区，并在那里栽培种植。到了1520年，至少有三种以上的辣椒品种在果阿的土地上生长着。葡萄牙人给他们殖民地的饮食文化带来丰富多彩的因素，同时也对当地料理产生了根深蒂固的影响。基于欧式烘烤技术的引入，果阿开始有了印度馕饼。而来自家乡的西班牙菜谱则根据殖民当地的情况适当改良。没有橄榄油就用芝麻油代替，同理，腌制过的绿芒果可以代替绿色橄榄，椰奶则能代替杏仁奶。*Carne de vinha d'alhos* 是一道经典的葡萄牙菜，在起源地的做法带有相当的水手特色：以桶腌肉为基础，加入大蒜、红酒或红酒醋。辣椒和醋混合磨碎后再加入其中，让这道菜尝起来辛辣诱人。而 *Carne de vinha d'alhos* 到了果阿以后也接受了本地化的演变，成为一种叫作 Vindaloo（咖喱肉）的印度菜。当地产的棕榈醋代替了红酒醋，并在原先的基础上添加了更多的本地香料从而让菜肴热力十足。除此以外，红辣椒粉是咖喱肉必须要添加的味道基底。咖喱肉这道菜很快深入人心，以至于在今天世界各地的印度餐馆里，菜单上总少不了这道打着辣

110

椒标识的 Vindaloo。人们早就忘了它其实并非印度西部的本土菜，而是欧洲人从美洲带来了咖喱肉的核心元素辣椒后，才有了这道菜的诞生。咖喱肉的分量很足，辣味也相当不简单。一锅大到足以喂饱一个家庭的咖喱肉里，通常放了至少10—20颗辣椒。这些辣椒在切成长条以后扔进热油锅中炼出辣油。即使是在能吃辣的印度，一道菜里放如此多的辣椒也是对味觉的极大挑战。现代的烹饪指南在介绍这道菜时也常常建议，在你的客人开始享用前，最好礼貌地提醒这道菜会有多辣。

辣椒初到果阿时被当地人称为"伯南布哥胡椒"（Pernambuco pepper），来自葡萄牙人在巴西的前哨基地的名字。好像印度的菜肴里一直在等待着某种更辛辣味道的出现似的，辣椒一现身，立即以不可思议的速度渗透整个印度次大陆的各个菜系之中，完美地替代了长期以来当地传统的调味品黑胡椒。正如欧洲人曾满怀欣喜地将辣椒和胡椒等香料混为一谈，印度次大陆的人们在给辣椒起名时，在语言学上也往往向黑胡椒靠拢。在印地语中，黑胡椒和辣椒的命名分别是 kalimirch 和 harimirch；在泰米尔语中则分别称作 milagu 和 milagai。后者的意思是"水果胡椒"，因为印度人觉得辣椒是一种形状像水果的烈性胡椒。相比黑胡椒这种藤蔓植物的生长范围仅限于喀拉拉邦的西南沿海地区，辣椒显然更乐于适应任何地方的生长环境。虽然黑胡椒在后来一直在印度料理中辅助调味，但它曾经作为辛辣热量担当的重要角色早在16世纪时就已被辣椒取代。印度当地人对辣椒的接纳非常迅速，很快就将其视为本地化的一种重要调味品。

　　辣椒能深刻改变印度料理的原因除了口味倾向，还有更重要的经济考量。辣椒这种作物更易种植，价格也更低廉，因而从 16 世纪起，辣椒种植量开始超越黑胡椒和它的亲戚长椒等香料，成为平民阶层日常饮食的一个主要来源。辣椒的到来可以说是打开了一个新局面。它为食物提供了一种全新的刺激性和复杂性，同时相比研磨的胡椒粒，辣椒的营养价值也明显更加丰富。难怪欧洲的植物学家在 16 世纪 40 年代对印度当地的野生植物以及栽培植物进行考察时就发现，辣椒已经在当地广泛种植，时间如此之早，又一次给人们造成辣椒属于印度本地植物的错觉。

　　1511 年，也就是葡萄牙占领果阿后的第二年，一名葡萄牙外交官受命前往东南亚的阿瑜陀耶王国，即今天的泰国进行拜访。短短几年的时间，两国之间就建立起了全面的双边贸易关系，而辣椒也很有可能是葡萄牙人在初访时带来的。葡萄牙人提供给泰国人民的辣椒，很快也像在印度那样迅速扎根、传播。辣椒再一次成了当地穷人的食物，为整个王国里各式各样的地方菜肴带来新的灵感。印度厨师习惯将辣椒与其他香料一起混合，制成一些慢炖菜肴的调味酱汁，而在泰国，关于辣椒的典型烹饪方式是将其作为调味品或者配菜的基础。也就是从辣椒传入之时起，被称为 nam phrik（辣椒鱼酱）的辣椒酱就一直是泰国美食中必不可少的精华。这种辣椒酱以发酵的鱼酱或虾粉打底，再加入大蒜、青葱、柠檬汁、糖与切碎的辣椒（新鲜辣椒、干辣椒都有）一起混合而成。nam phrik 常盛在小巧的浅碟中，用作主菜的陪衬，无论是鱼、肉或蔬菜，都可以在吃之前蘸汁调味。泰国人吃咸鸭蛋和新鲜的绿色蔬菜时，通常会搭配一种水果味的 Nam phrik Long Ruea（龙乐辣椒酱），由酸绿的马丹果和酸橙汁制成。还有一种由罗望子酱和棕榈糖制成的 Nam phrik Phao(烧辣椒酱) 常常被加入泰国冬阴功汤里，或像果酱那样涂在烤面包上食用，味道辛辣。味道最为奇特的辣椒酱莫过于 Nam phrik Maeng da（地狱辣椒酱）。它的配料里加入了一种经过干燥和捣碎的名叫印度大田鳖（Lethocerus indicus）的昆虫，那是一种常出现在夜晚时分的淡水池塘边，可以用灯光诱捕到的巨大昆虫，它可以使辣椒酱的口感更有嚼劲。辣椒历史学家希瑟·阿恩特·安德森（Heather Arndt Anderson）曾形容这种辣酱的味道类似于“美味的龙虾、玫瑰花瓣、橙皮、甘草精和蓝芝士的结合”[4]。当然，其中也含有辣椒。

在泰国，瓶装辣椒酱是当地烹饪料理的常年必备品，无论是在热火上翻炒面条和菜肴时浇上一大勺，还是单独盛在小碟中以备蘸用，都少不了它们。泰国瓶装辣椒酱中最具国际知名度的是“是拉差”（sriracha），命名来自泰国湾东海岸的一个小城镇。据说是拉差辣椒酱的诞生时间约在 20 世纪 30 年代，是拉差当地聚集了一些来自缅甸的锯木厂工人，他们习惯自己制作一种醋、盐、糖和辣椒一起混合捣碎的调味品。不久，是拉差当地商店的一家店主开始向来自缅甸的锯木厂工人出售他自己制作的是拉差瓶装辣椒酱，之后各种自主品牌的瓶装辣椒酱争相出现，但除了是拉差，其余的都被淹没在商业历史长河中。尽管是拉差瓶装辣椒酱是以地理名称命名，但如今它的生产地遍布很多国家。泰国之外生产的是拉差往往比泰国本地产的味道更甜、更浓，尝起来更像是番茄酱。而泰国本地产的是拉差则更突出辣椒酱里的醋味，质地更薄一些，接近于传统的 Namp hrik 蘸酱。

1543 年，葡萄牙人和日本人首次碰面，之后在短短 10 年内，就建成了一条从果阿港经由澳门到长崎的贸易路线。果阿是亚洲规模最大的耶稣会聚点，因此而来的天主教徒们也给当地引进了 114 土豆、精制糖和辣椒，以及将食物裹上面糊深度油炸的技术，这些烹饪技术后来演变成了日本料理"天妇罗"。日本当地菜肴的制作需严格遵循佛教的一些解释和规矩，耶稣会士的食材和方法小心且巧妙地融入了日本料理。17 世纪初时，江户（后来成为东京）市场上的香料商们发明了一种名为七味唐辛子（Shichimi Togarashi）*的混合物。七味唐辛子的主要成分包括芝麻、陈皮、大麻种子、生姜、海藻、山椒，以及被磨碎的干红辣椒。直到今天，七味唐辛子仍是日本料理的重量级调味品，无论是浇在米糕

---

* 简称七味或七味粉，是日本料理中一种以辣椒为主要原料的调味品。在日语中，"唐辛子"即是辣椒的意思。——译注

和米饼，还是撒在面条和汤上，都相得益彰。相比亚洲其他地区，日本料理中用到的辣椒并不算多，菜肴中的大部分辣味来自类似山葵的芥末酱和生姜。

葡萄牙菜对中国澳门饮食文化的影响力明显强于日本。从澳门当地菜单里的"椒盐虾"这道菜就可以看出来。葡萄牙的"干盐鳕鱼"（Baalhau）很容易就为当地人所接受了。"血鸭"（Duck cabidela）能从葡萄牙的巴西菜肴出发，变成中国澳门的葡国菜，算是走了一段很长的路。在发源地，这道菜里的主要食材其实是鸡肉而非鸭肉。血鸭的烹饪方法主要是家禽肉（鸡或者鸭）与家禽的血同烧，配以醋和米饭。在葡萄酒中加入八角和肉桂等亚洲香料的兔肉砂锅，可以算得上一道典型的东西方交融而生的菜肴。来自葡萄牙的葡式蛋挞（*Pastel de nata*）是一种除去蛋清、只用蛋黄做成的甜蛋挞（中国的蛋挞里连牛奶也不加），最后成为遍布世界各地的澳门菜菜单上的甜点和中国菜菜单上的特色点心。当然，辣椒也不甘示弱地为自己找到了合适的位置，在猛火爆炒的大虾和螃蟹菜肴中，少不了辣椒的出场。正如我们即将在下一章中所见的那样，辣椒在中国的传播势头犹如野火一样在各地蔓延，势不可当。

葡萄牙人亚洲之行的最后一站是朝鲜半岛。在这里，16 世纪中叶的朝鲜半岛上，辣椒很快就再一次为自己找到了归宿，悄无声息地将自己融入一种可以说是古老的农耕烹饪文化中。朝鲜半岛饮食的传统味道已经比较重，包括大酱这种由糯米、发酵黄豆粉、麦芽和盐制成的混合糊状物，加入黑胡椒和 chopi（朝鲜半岛野生胡椒木 [Zanthoxylum piperitum]，日本胡椒木的变种）。在葡萄牙人来了以后，辣椒很快就加入了酱的制作准备原料当中，以干辣椒的形式磨成了红辣椒粉（gochugaru）。红辣椒粉又把传统的酱变成了朝鲜辣酱，自那以后，辣椒酱就成了朝鲜半岛美食的一种基本元素，既可以加在慢炖的菜肴里，也可以作为肉类的腌料，或者像泰国的 nam phrik 一样直接用作蘸料。它的味道层次多样且丰富诱人，包含了甜味、烟熏味和酸味。酸味因露天发酵而产生，因为辣椒酱在制作中常放置于传统陶瓷罐中。韩式辣椒酱的辣度范围十分广泛，韩国人为此还设计出了一套有别于史高维尔测量法的测量系统——GHU（Gochujng Hot Taste Unit，辣椒酱辣度单位）。相比基于主观评估的史高维尔指数，GHU 的测量原理基于气体和液相色谱法。直到 20 世纪 70 年代，自制辣酱在韩国的厨房里仍很受欢迎，并开始大规模商品化生产，在超市销售。除此以外，还有诸如韩国辣豆酱这样更为复杂的混合酱料，用豆酱、洋葱和其他调味品混合而成。

116

17 世纪末，一本名为《山林经济》的农业专著里有了关于辣椒的介绍。这本书算是关于农场生活的实用建议指南，内容覆盖了从搭建房屋到保养个人乐器的方方面面。有趣的是，作者洪万选在书里建议，应该把辣椒用于朝鲜传统的泡菜制作工艺里。朝鲜泡菜的制作历史十分久远，至少可以追溯到公元前 1 世纪，主要使用卷心菜和萝卜进行腌制发酵。这一主张在当时可谓相当前卫，颇具冒险精神——直到 19 世纪初，红辣椒粉才成为泡菜里一种完全成熟的配料。迄今为止，有关辣椒的栽培研究仍然是一项重要工程。今天的韩国厨师们最喜欢的一种辣椒是青阳辣椒，辣椒的名字取自韩国南方的两个县名的结合。青阳辣椒也是杂交辣椒品种，来自鸟眼辣椒和济州岛辣椒的结合，辣度集中的青阳辣椒可以算是韩国境内最热辣的栽培品种。

除了伊比利亚商人进行的探险之旅，威尼斯共和国主导了另一条重要的商业交流之路。这条路线的开辟时间可以追溯到 8 世纪，远早于欧洲人登陆美洲的时间。威尼斯人的这条贸易路线穿越了中东地区的伟大帝国、阿拉伯和波斯的心脏地带、哈里发们的国家，以及从 13 世纪末起称为奥斯曼帝国的统治区域。荷兰人和葡萄牙人再次成为贸易竞技场上的主要参与者。通过中世纪时期阿拉伯人与香料群岛的贸易，源自东方的新香料和烹饪技术改变了中东和近东的烹饪方式。贸易巩固了香料在饮食中的地位，这些进口香料经由东部海路和陆路路线到达威尼斯这个曾经繁荣的交易中心，由此进入欧洲。肉豆蔻、丁香、肉桂和生姜都是中东菜肴里常常用到的调味品，它们沿着地中海，传入东南欧和北非。阿拉伯半岛和非洲之间的贸易由来已久。15 世纪时，咖啡从埃塞俄比亚出发，蔓延到整个中东地区，沿着同样的路线，胡椒也从西非到达此地。同样的，通过某些贸易路线，来自葡萄牙或者西班牙的辣椒，最终完成了自己在亚非的旅程。

* * *

阿拉伯人对两个半球的美食传统都已习以为常，因为从古典时代起，他们所处的地区就一直是以希腊和罗马为代表的西方文明与以印度和中国为代表的东方文明之间交流的中转站。葡萄牙远东殖民地的人欢迎辣椒的到来，阿拉伯人也不例外，代表了辣椒在这里的影响力的菜肴叫作"merguez"（羊肉辣香肠），主材是来自北非和阿拉伯地区的一种羊或羔羊肉。13 世纪一本名为《安达卢斯》（*Al Andalus*）的食谱，是对摩尔人安达卢西亚和马格里比料理的简编，其中提到了一种 Mirkâs 菜肴，需要用肉桂、薰衣草、芫荽、黑胡椒和 Murrī（发酵的大麦酱）调味。到 16 世纪的时候，这道菜里如果少了干辣椒，就无法继续下去。随后辣椒成为哈里萨辣椒酱（harissa）配方的一部分，成为马格里布（Maghrebi）人厨房里红艳、辛辣的调味品；辣椒还加入了摩洛哥综合香料（ras el hanout）——各种干性香料的一种混合。辣椒更偷偷地进入了波斯的美食文化，不过与别处相比少了点尖锐的刺激辣味，多了一份醇厚的水果清香。

与此同时，经由印度朝圣者和商人，辣椒逐渐传入内陆王国不丹。不丹坐落于中国西藏以南、印度阿萨姆以北的喜马拉雅山脉。辣椒在 16 世纪传入印度之后，过了 200 年的时间，开始在这里栽种食用。辣椒在不丹被普遍接受的理由与它们在热带地区所遇到的那些原因恰恰相反：人们吃辣椒不是为了出汗散热应付酷暑高温，而是为了在世界屋脊的恶劣冬天防寒保暖。辣椒在不丹民间的信仰还衍生出了一个有趣的象征，与它们在中美洲民间传说中的"避邪"功能有着惊人的相似之处。人们认为，在房子里焚烧辣椒可以驱赶强大的魔鬼，这种做法今天仍然在当地流行。所以很快，每家每户只要有属于自己的少量土地，都会在种植其他蔬菜的同时种上辣椒。自给自足的辣椒供给模式直到 20 世纪末，人口开始向乌尔班中心迁移集中，商业市场开始填补那些被新移居者落下的土地作物供给才结束，辣椒也因此能在超市里购得。在村庄里，采摘后的辣椒串成一串，置于室外晾干，这些辣椒串从房顶上或屋顶小阳台上齐齐垂下，用墨西哥人的叫法是"ristras"（辣椒串）。不丹可能是世界上对辣椒的热爱最为热情和专一的国家。在这里，辣椒不仅用作调味品，也能作为蔬菜搭配其他菜和不丹式的沙拉食用，甚至可以当作一种早餐。

不丹的国菜辣椒奶酪（ema datshi），就是由新鲜或干燥的辣椒（sha ema）和用牦牛乳制成的脱脂奶酪制作而成，既可单独食用，也可以和红米饭一起吃，还能与咖喱辣蘑菇等其他素菜搭配。在吃其他菜肴时佐以整颗腌制的辣椒对不丹人来说再平常不过，由此给味蕾带来极具挑战的辣味攻击。然而不丹人早已经习惯这种饮食，以至于少了辣椒的任何一餐都单调到难以下咽。不丹人的节日庆典中常用到的传统酒类是当地一种名为"阿拉"

（Ara）的蒸馏米酒。米酒里常常浸泡着整颗整颗的辣椒，意思既为了祈福，也为了给辣椒带来额外的炙热辛辣。与印度、中国和日本一样，传统的不丹料理中也曾有过地方特色的辛香料，即一种名为广藿香（Pogostemon amaranthoides）的芳香草本植物。这种香料在与其他食材同烹时会散发出辛辣的苦味。和辣椒征服过的其他地方一样，辣椒一到达本就偏爱辣味的不丹，就在极短的时间内成为当地人追求辣味的首选香料。今天，不丹国内种植了相当多品种的辣椒，与之对应的，是平均每个不丹家庭每周至少1公斤的辣椒消费量。在不丹，辣味的启蒙很早就已经开始。不丹儿童在四五岁时就被鼓励用稚嫩的味蕾去品尝和接受辣椒。这种有意识的食物教育在最近一代人中倾向尤其明显，原因是为了防止不丹青少年对那些味觉明显清淡、易胖的西方食物产生依赖。毕竟在追逐潮流的青少年眼中，当汉堡包和比萨饼"上线"时，即使是辣椒奶酪看起来也很无聊了。

然而跟随辣椒热而来的，还有一股开始在不丹人之间蔓延开来的隐隐的担忧和疑虑。比如说，最近消化性溃疡病例的增加，是不是因为人们食用了过多辣椒而导致的？正如物质充裕的社会中，人们不自觉地会屈从于食物健康论所带来的恐慌，不丹人也开始落入这种俗套。在不丹王国首都廷布的一家棚屋搭建的咖啡馆里，一名接受采访的男子对半岛电视台的记者发表了以下言论："辣椒什么的，对你的大脑不太好。我们不丹人为什么没有取得多大的进步，背后就是辣椒在作祟！假设你的大脑内存有2GB

那么大，吃下这些辣椒，会自动减少到只有 1GB。"[5] 这番言论至少证明了，西方世界里那些被汉堡填满脑袋的人并不孤独，对于荒谬的理论，东西方皆有随意轻信者。

6

"色红，甚可观"

辣椒的中国之旅

辣椒进入中国的确切入口或者说最有可能的传播路线是哪条？这
个问题的答案，至今仍有多种说法。我们知道，16世纪时，葡萄
牙占领了中国的港口城市澳门，但尚无证据表明，澳门是辣椒逐
渐传播到内地广袤领域的出发点。除此以外，尽管就像辣椒曾经
席卷了印度和泰国的饮食界一样，辣椒在中国一些地方的散播和
融入速度也十分惊人，且影响深远。但在中国其他地区，辣椒还
不太为人所知，地位也比较边缘。这种并不均匀的接受模式证明
了近些年来食物历史上一个比较主流的观点：辣椒曾经通过多条
传播路线进入中国。

如果说辣椒抵达南亚和东南亚等地的运输渠道是通过葡萄牙
人开拓的海上航线；那么辣椒的中国之旅，则很有可能经由陆路
深入到境内各个地区。辣椒一旦到达某地，就开始展现出蓬勃的

生命力，使出浑身解数，逐渐成为当地菜肴里的核心担当。综观中国各个地区的美食，烹饪时最爱用辣椒的莫过于四川和湖南。四川和湖南属于中国南部的内陆省份，彼此之间并不毗邻。关于辣椒如何来到这里的问题一直是人们关注的焦点，目前最被认可的猜测是：辣椒是经由印度和缅甸（Burma*）的陆上路线来到这里。

汉学家 E. N. 安德森（E. N. Anderson）曾在他 1988 年的一项研究报告中，给出了精辟总结：

> 辣椒在 16 世纪时由葡萄牙人带到东方，与其他传入东方的单一作物番茄或茄子不同，辣椒这种作物不仅是当地蔬果的一部分，也成为当地饮食文化体系的一部分，甚至席卷远东，产生了划时代的影响。也许自从"蒸"这种烹饪技术发明以来，没有什么能像辣椒那样对旧世界的烹饪文化产生如此强烈的震撼和改变。[1]

在葡萄牙人的推动下，辣椒热席卷了泰国、朝鲜和日本，但中国地域广袤，辣椒的魔力尚不能完全覆盖。并且四川和湖南辣椒的传入者有可能是进行边境贸易的中东商人而非葡萄牙人。在古老的丝绸之路上，这些中东的贸易商们一直有以香料交换中国

---

* Burma，是缅甸在英国殖民时期的称呼，现称为 Myanmar。——译注

的丝绸、瓷器和茶叶的传统。

　　阿拉伯食物历史学家查尔斯·佩里（Charles Perry）曾提出一个目前已经基本得到证实的观点，即来自霍拉桑（Khorasan，地理范围上覆盖了今天的伊朗、阿富汗和土库曼斯坦部分地区）的波斯商人将辣椒引入克什米尔和尼泊尔，因此当地人对辣椒的称呼就是 Khorsani [2]。辣椒传播者的路线继续向北，穿过印度东北部（今天的孟加拉国）和缅甸北部，直至四川。而有关湖南的辣椒传播路径则没有那么确定。湖南的辣椒有可能是通过陆路，从四川辗转而来。但从地理位置来看，位于中国东南部的湖南遇到海上而来的辣椒的可能性更大。湖南省的辣椒传播之路有可能是从澳门开始，经由广东北上到达湖南；甚至有可能是从福建港进入内陆，向西穿过江西来到湖南。毕竟一直以来中国福建与葡萄牙的贸易联系都比较密切。1955 年，中国历史学家何炳棣在他一篇名为《美洲食用作物传入中国概述》（The Introduction of American Food Plants into China）的论文中，开创性地概述了花生和红薯进入中国的途径。虽然其中没有提到辣椒，但也足以作为参考。[3]

　　葡萄牙人在第一次登陆广州 6 年后，也就是 1522 年被中国政府驱逐了出去。但他们没有完全离开，而是沿着中国海岸线来到了福建的南部港口。他们对中国皇帝的贸易禁令置若罔闻，在那里继续私下从事非法贸易。从福建到当时还没有成为国际贸易港的上海的中国东南部海岸线一直小心进行着诸如棉花之类的海上贸易。何炳棣还指出，其实中国本土商人早在 15 世纪初期，即中国完成了闻名遐迩的海上远征之后，就与诸多南太平洋岛屿地区有了商业贸易往来，算起来时间长达百年（如果给这些历史写一本书，按照畅销书的取名习惯，得叫"中国发现了世界"）。甚至有可能，这些中国商人在葡萄牙人登陆广州以前，就已经在海上与葡萄牙的商船碰过面了。何炳棣还解释说，以红薯为例，一直以来有人认为红薯可能是通过福建港口进入中国的，但中国当地一些历史文献证据则表明，红薯也可能来自印度和缅甸的陆路通道，遵循缅甸接壤处—云南—四川以南这样的传播路径。实际历史或许正如今天食物历史学者们的主流观点，辣椒最有可能的传播路径其实至少有两条，这些不同的传播路径几乎发生在同一历史时段内。玉米也可能经过了同样的传播路径。

所以很有可能，一些辣椒是坐着船，漂洋过海从东南沿海的转口港登陆中国；而另一些辣椒则搭乘商人的大篷车，穿越恒河平原，翻越中缅边境，经陆路进入中国西南部。有意思的是，辣椒在中国一些地区极受追捧，而在另一些地区却被打入冷宫。正如著名历史学家李嘉伦（Caroline Reeves）所指出的，在中国极富研究价值，且史料丰富的地方志中留下了众多关于辣椒的记载。比如，记录于 1671 年，上海以南的浙江省山阴县的辣椒栽种情况（"腊茄是红色的，可以代替辣椒［即四川胡椒］"）；再比

如 1682 年辽宁盖平县（今盖州市）的地方志里也有关于辣椒的

书面记载。辽宁是一个远离北京的东北省份，地理上与朝鲜半岛接壤。所以可以推定辽宁地区最早出现的辣椒应是来自朝鲜，或者也有可能来自日本，而日本的辣椒不用说是来自葡萄牙人。尽管浙江和辽宁这两个省份的饮食口味并不以辛辣闻名，但关于辣椒的记录在时间上都早于湖南（1684）和四川（1749）。相反，如果辣椒的陆上传播路径真的是由四川向东传到湖南，那么它一定会经过位于两者之间的重庆，而重庆的饮食文化常常被归类为川菜的一个分支。[4]

虽然辣椒有可能在16世纪初就传入中国，但与辣椒有关的书面记载却要等到明末。1591年，明代养生专著——高濂的《遵生八笺》里，就将辣椒的用途定义为赏心悦目而非口舌之欢："番椒，丛生，白花，子俨秃笔头，味辣，色红，甚可观。"这不由让人想起辣椒在刚进入西班牙和葡萄牙时，也同样仅当作观赏植物种植。自古以来，红色一直是中国文化推崇的一种鲜艳夺目的颜色。红色象征着生命、健康和活力，而像浆果般的红色果实，甚至比最红的覆盆子还要红，看上去确实是一种红红火火的吉祥预兆。几乎在高濂写下《遵生八笺》的同一时期，中国著名剧作家、诗人汤显祖在《牡丹亭》里也称赞了辣椒的"中乘秒品"。这种带有东方意味的赞赏之语，一旦经过翻译就丧失了其中的风雅，变成一句轻描淡写的赞美。

对于舌尖上的基本味型，中国的味道分类一直较西方宽泛。

西方世界直到最近几年 * 才将某些富含谷氨酸钠的食物产生的浓缩味道，以"鲜味"（Umami）添加到一直以来的"咸、甜、苦、酸"四种基本口味当中。而在中国，虽然味道分类在不同地区各有差异，但总是能赋予更详细的定义，尽管其中有些分类——比如"怪味"——听起来似乎不够精确。但不管怎么说，辣味在中国是一直存在的。最有趣的一点是，在辣椒来到中国，出现在中式菜肴里前，中国人就早已品尝过辣味。类似于印度烹饪文化，早在公元前 16 世纪，辣就已经成为中国菜系中的一种元素，正如当时的商朝大臣兼宫廷大厨伊尹阐述的五味体系——咸、酸、甜、苦、辣。和印度一样，中国菜肴里的大部分辣味来自芥菜籽、辣根和生姜，能带来辣味的香料家族不断壮大，最终将包括印度黑胡椒、小豆蔻、桂皮、肉豆蔻干皮和肉豆蔻，以及辣萝卜和花椒的果实。在英语中，花椒常被误译作四川胡椒。所以在辣椒到来之前，以上这些都是中国菜肴里辛辣味道的主要来源。

除了这些香料，辣味还来自一种中国大陆和台湾东南部的植物——茱萸（又称越椒），在东南亚以及日本的大部分地区，这种植物也有生长。在唐代，茱萸是烹饪慢熟菜肴时必备的调味品，通常磨成糊状加入其中。古时的保鲜技术尚不发达，茱萸的辛辣气味可以掩盖掉一些不那么新鲜或有点腥膻的猪肉、羊肉或牛肉的味道。直到今天，茱萸仍被种植以入中草药，据说有消

---

* 2009 年。——译注

肿止痛和驱湿化瘀等功效。而它的烹饪功能现在只能在一些古法食集或唐风古诗里寻得痕迹。明末时辣椒的到来，使得茱萸成为一个很快被世人遗忘的古物。遭遇了类似境况的还有山茱萸（Cornus Kousa）。山茱萸是落叶乔木山茱萸树的苦果，在中国古代烹饪中常用作腌鱼、肉汤和面条的调味，在辣椒出现后同样迅速衰落，沿着同样的路径退出了美食的历史舞台。

湖南菜又称湘菜，是中华美食中最推崇辣味的菜系之一，辛辣程度比川菜更甚。湘菜的特点是干辣，刺激效果就主要来自红辣椒。同时米醋的巧妙使用又能出神入化地抵消掉辣椒给舌尖带来的过分炙热感。湘菜的常见调料中还有一种剁椒，这是用醋和盐腌制而成的辣椒泡菜，用法灵活多样。无论是一碗热气腾腾面条最后的浇头，还是用来自湘江的新鲜鲤鱼制成的剁椒鱼头，都少不了它的隆重登场。在湖南，吃辣椒是一门养生学。冬天的水煮肉里加辣椒，能温暖血液，驱寒保暖；夏天的腊肉里加点辣椒，能打开身体毛孔、祛除湿气和暑气。同世界其他地方黑胡椒的吃法一样，湘菜里的干辣椒可以切成小块；或整颗投入菜肴汤羹里调味。比如加入了花生、大蒜、干辣椒和剁椒的湘式烟熏牛肉。

湘菜那种干辣味最好的代表就是干锅。干锅通常以牛肉、鱼或豆腐为基础食材，挑选红绿椒、芹菜、豌豆、竹笋、莲藕、蘑菇等各式丰盛蔬菜，配以鲜辣椒、辣椒酱、决明子、八角茴香、茴香籽，大量的洋葱，以及其他一堆热情洋溢的香料，聚在一个小锅里彼此碰撞、快火炒成。相比它的四川表亲——"麻辣香锅"的菜式，湖南的"干锅"相对更少油、口感更干脆。而麻辣香锅在炒制时会采用一些高汤勾兑来降低菜的辣度。

四川的饮食习惯与湖南有诸多相似之处，但川菜有其更独特的地域特点。肥沃的四川盆地，稻花飘香，蔬果遍地；而高纬度地区的山林里则蕴藏着丰富多样的菌类。兔肉不算是肉食的主流，在中国其他地方嗜吃的人也不多，不过在四川却是一道热门菜。酸奶也在当地饮食体系里，最早由中世纪印度和中国西藏商人引入。不管烹饪何种菜肴，辣椒都与四川的美食并驾齐驱，几乎完全取代了历史上荤荤的烹饪调味功能。在食物保存上，辣椒也大有可为——干燥、泡制和腌制。腌制这种肉类保存方法除了用到辣椒，还需要当地盐泉中的盐，风干前的肉制品会涂上大量的辣椒油。人们对辣椒和花椒的口感认识十分清晰，辣椒在嘴里产生的感觉与花椒不同，后者像是局部麻醉剂一样，会给口腔带来一种刺痛和麻木感，而伴随辣椒而来的是舌尖的滋滋灼烧感。以黄豆为基础的辣椒酱——豆瓣酱，是川菜里另一种必不可少的调味品。火上煮着丰富高汤的辣味火锅是川菜里的经典大菜。酱料对菜肴的画龙点睛之处也不可忽视。比如，"鱼香"这种味道，字面意思是"鱼肉的鲜香味"，但其实不含任何海鲜佐料，而是由豆瓣酱、腌辣椒、糖和米醋的综合作用而成的滋味。之所以称为"鱼香"，是因为它们传统上曾经是烧鱼肉时的调料。由此而来的"鱼香茄子"这道菜，初尝的人会觉得有些费解。此外川菜里还有一种著名的滋味——"怪味"，由鱼香、芝麻酱、黑米醋、四川胡椒、酱油和黄米酒混合而成一种独特味道。四川人在炖鸡或烧猪肚时常常会用到，也可以裹在干蚕豆表面，变身成一道美味的小吃"怪味豆"。

国际上最有名气的四川菜应该要数宫保鸡丁。这道菜用腌制过的鸡肉丁、葱段以及花生仁一起入锅大火炒成，在油锅里一起吱吱作响的还少不了整颗的干辣椒以及花椒。宫保鸡丁的命 名来自19世纪中国一位清朝总督丁宝桢（宫保是他死后朝廷追封给他的"太子太保"官衔的简称）。据说这位总督十分爱吃花生，所以才改良酱爆鸡丁有了后来宫保鸡丁这道菜，但对于大部分四川人来说，宫保鸡丁那股麻麻辣辣的滋味才是四川人孜孜以求的。随着时间的推移，这道菜所采用的辣椒开始被固定为一些特定品种，其中最常见的即是在中国称为"朝天椒"的辣椒。朝天椒属于中等辣度、一年生辣椒品种，其锥形的红色果实自然向上生长。正是因为这一特性，它曾经被中国人当作观赏植物种植。

其他四川菜的名字在中文里十分奇异生动，比如"麻婆豆腐"。这道以豆腐为主菜的菜肴采用豆瓣酱、干辣椒面、辣油和四川花椒调味。再比如"蚂蚁上树"这道菜，是把猪肉末撒在粉丝上，浇上用辣椒面、米醋、大豆、大蒜和生姜调成的酱汁。

对于接纳辣椒进入饮食文化的地区而言，辣椒给当地的日常 饮食带来了不少好处。与其他地方一样，辣椒是一种低廉的经济作物，易于种植且产量可观。在来到中国后不久，适应当地气候传播的特定辣椒品种就被培育出来。其中一些辣椒品种生存率与挂果率都表现极佳，以至于荷兰植物学家尼古拉斯·冯·雅坎在1776年进行有关辣椒品种的分类研究时，特意记录了一种他称之为 Capsicum Chinense（黄灯笼辣椒）的类型。尼古拉斯给他所见辣椒的这个命名源自一个错误的认识。他推测这种在中国当地菜肴中普遍采用的辣椒一定也是原产于中国，但他弄错了。他所见到的中国人最常使用的红辣椒实际上属于帽子辣椒系列，这个系列品种中最典型的莫过于哈瓦那辣椒，和所有同类辣椒品种一样，起源地都在美洲。对于穷人来说，辣椒不仅丰富了食物的味道，同时也带来了丰富的营养价值。穷人的食物往往品种单一、味道单调，因此他们非常乐意接受任何能调味菜肴同时又经济实惠的食物。这种情况下，辣椒往往也会与贫困或周期性的经济衰落联系在一起。根据《今日北京》（*Beijing Today*）的报道，湖南有一句谚语，大致意思是经济能力差的人，大都是靠"辣椒酱下饭"的。"辣椒酱"像是味觉上的一层坚实外壳，以辛辣的滋味包裹住了平庸的食物，化腐朽为神奇。

如今，正如世界上越来越多"为辣疯狂"的地区一样，中国美食里的众多传统菜肴也开始"染指"辣椒。川菜在历史上向来独树一帜，今天又因其麻辣的口味，在全国范围内越发火爆。甚至连沿袭历史传统、以正统著称的国菜北京烤鸭，也为了迎合大众的口味而做出改变。一些北京烤鸭餐馆就在配菜黄瓜外加入了辣椒，或用辣椒酱替代了传统的甜面酱。根据《中国国家地理》杂志的说法，熊熊燃烧的辛辣口味与蠢蠢欲动的不安青春之间似乎有种天然的联系，所以"在小餐馆，特别是开在大学附近的小餐馆里，'疯狂烤翅'的味道已经成为许多毕业生共同的有关大学的难忘回忆"[5]。

7
从红辣椒酱到红辣椒粉
辣椒欧洲变形记

相比世界其他地区,辣椒,乃至香料在欧洲饮食文化中扮演了更为复杂的角色,也更容易跟随文化变迁而变化。如果说那些辛辣香料在 16 世纪将所到之处一一征服,润物细无声地融入当地菜肴,直到让各地的料理改头换面,那么在欧洲,辣椒则止步于一套完全不同的饮食文化体系。在欧洲,食物所代表的价值观占据了主导地位。至少直至现代,欧洲料理中加入辣椒调味也不是主流的做法,即使偶尔有菜肴需要辣椒来增光添彩,也是以能想象到的那种小心谨慎的方式。干辣椒磨成红辣椒粉后,辛辣度已经降了又降。在欧洲大陆如南欧的地中海沿岸,几乎没有辣味的甜椒因其自带的清甜气息、若隐若现的苦味,以及鲜亮的颜色,而被当地人珍视,并予以悉心栽培。这些有别于世界其他地区对待辣椒态度的背后,究竟有着怎样的原因?

中古时代以来，欧洲医学理论体系的基础都建立在伟大的古希腊学者希波克拉底和盖伦的医学理论之上。希波克拉底和盖伦提出了体液学说，认为人体由血液质、胆液质、黑胆质和黏液质四种体液组成，每种体液都——对应着自然界的四种基本元素（气、火、土、水）。其中血液质与"气"对应，由此能带来热情洋溢的行为举止；胆液质对应的是"火"，随之而来是易怒焦躁的性格；黑胆质对应"土"，因此也象征着忧郁；而黏液质和"水"元素相关，产生冷静或淡漠的性情。四种体液除了会影响性格，还分别对应春夏秋冬，又进一步引申下去类比一生中的不同阶段，从幼年、壮年、中年直至老年。体液学说的一些象征和隐喻至今仍存在于现实语境中，把个体的性格与胆液等联系起来。比如英语里的忧郁（melancholy）一词就来自于希腊语，意思是"黑色胆汁"。除了代表不同的气质性情，每种体液还由寒、热、湿、干四种特性中的两种组合而成。血液质具有热一湿的体质；胆液质具有热一干的体质；黑胆质具有寒一干的特性；而黏液质过多的人则为寒一湿体质。体液系统可以分成十二宫精度，由此形成一个人的生命周期模型。它在医学领域所追求的最理想状态，是达到所谓的"平衡"。体液学说认为各类疾病的病灶都源于"体液失衡"，而要想解决"体液失衡"，就必须通过相反特性的食物来予以对冲，或者采取比食疗更激进一些的治疗手段（比如催吐治疗或放血疗法）。

接下来的两千年里，体液学说除了在欧洲得以延续，还找到了融入伊斯兰医学理论的途径。直至欧洲启蒙运动时代来临之前，体液论都是一门富有生命力的学说。但在历史长河中它也在不断修订，尤其是在欧洲基督教兴起、宗教潮流的压力下。在东方，拜占庭世界的天主教摒弃了体液失衡致病的一些观点，认为疾病是上帝对有罪之人的一种惩罚。不过体液学说并没有就此销声匿迹。在西欧，不断有人将其重新发掘，对其予以不懈的研究，以各种野生草药、矿物质乃至毒素进行反复试验，旨在论证体液学说在调节身体机能、纠正内部失调方面确有实际意义。既然人们从柳树皮中提炼出强效止痛剂阿司匹林，从缓解痛风的秋水仙中提炼出消炎药秋水仙碱（主要用于缓解痛风），而这两种药从公元前 2000 年就已为人所知，那么可以推断广袤自然中的无穷植物也蕴含着人类养生和医疗的无限可能性，由此也不难理解为什么草药贸易能够历经千年，繁荣至今。

得益于如火如荼的中世纪香料贸易，当来自东方的胡椒、桂皮、肉豆蔻、丁香和生姜堆满欧洲富人的餐桌，并散发出奢侈的芬芳时，每种香料也都在当时的医学词汇中获得了各自与体液学说有关的鉴定。大多数香料的特性被归类为热—干，食用这类香料会在不同程度上让身体产生胆液质，由此带来急躁的冲动。孜然是"热"性食物，但不像黑胡椒那么"热"。姜也是热性的，但生姜根更热，诸如此类的食物评价。换句话说，具有"热"和"干"特性的香料可以推荐给那些无精打采、陷入疲乏状态的人食用，而对于性情暴躁到一点就炸、容易冲动行事的人来说，就

138

一定要避免摄入。

16 世纪，一大批来自西半球的新食物初抵欧洲后收获的热情，远远比不上它们在非洲、中东和亚洲所受到的追捧，没有那样轻而易举地得到精英阶层的青睐。美洲的新食物在其他大陆亮相以后，迅速为当地饮食体系所接纳与吸收，但在欧洲，美洲的新食物却常常处于边缘地位。虽然其中也有例外，比如玉米一抵达英国、爱尔兰，以及意大利北部，就很快烹饪入菜；土豆初到英国和爱尔兰，短暂沉寂了一阵即开始被当地人食用。但总的来说，新食物在到欧洲的初期一直未能成为主流，原因就在于还没有人能确定它们在体液系统里的地位和作用。因此，正如食物历史学家肯·阿尔巴拉（Ken Albala）所阐述的，想要在 16 世纪的欧洲烹饪书籍和饮食资料里找到美洲新食物的痕迹，往往会徒劳无功：

> 当这些烹饪书籍的作者谈到来自新大陆的食物时，头脑中的饮食保守主义倾向往往会带来对新食物的怀疑和拒绝，特别是这些新来的食物又容易与体液学说中处于低端的食物相提并论。目前尚不清楚我们所熟悉的体液学说是否一定程度上压制了新大陆食物的传播，使其在很长一段时间内都不为人所接受。不过同时发生的还有另一种可能，尽管番茄、玉米和辣椒在欧洲仅仅作为观赏性植物生长在植物园里，尽管有很多食用它们会给健康乃至生命带来损害的警告，但社

139

会底层的人们还是抛开一切开始食用它们。不管是何种因素带来的影响，直到 17 世纪中叶（有些作物甚至是在更晚些时候），欧洲才开始大规模种植和食用来自新大陆的作物。也直到那时，体液学说才逐渐开始在美食家中失去权威。[1]

如果阿尔巴拉的猜测是正确的，那么掀开体液学说这块遮盖布，让美洲新食物在欧洲拨云见日的功臣是欧洲社会的底层民众。是他们以自己的消费实践，率先尝试了那些尚未证明安全、上层阶级也不敢触及的食物。就拿辣椒来说，穷人选择吃辣椒仅仅是因为辣椒十分易于种植，是更容易获得的食物。尽管如此，由下而上的饮食习惯传播过程非常缓慢，以渐进的方式推进，特别是与 17 世纪中叶，迅速渗透到社会各个阶层，让欧洲社会面貌焕然一新的茶、咖啡和巧克力这样的热饮品相比。

当与亚洲国家的香料贸易已无法满足欧洲大国日益增长的胃口后，他们开始将殖民的触角伸向亚洲地区，垄断了利润丰厚的香料供应。由此，香料在欧洲市场的价格和原本作为奢侈品的食物地位开始下降。在香料变亲民的同时，一种新的饮食风潮引起了欧洲精英阶层的注意。这种新烹饪主义推崇食物本身的味道，而非那些撒满多层香料、喧宾夺主的复杂菜肴。到 17 世纪时，一场返璞归真的烹饪风潮已经占据法国上层的饮食文化主流，引发了长达一个多世纪的辩论。烹饪的奥义在于品尝食物的本味、保持食物的营养，而非各种繁杂香料的过多点缀。前者在很大程度上成为法国料理的国家标准。法国料理在法国启蒙运动的哲学领域扮演了重要角色，追求食物的感官刺激与追求原汁原味食物的博弈，对过去那种精心雕琢的生活方式提出了质疑。从另一方面来说，法国料理的兴起也为民族主义者奏响了自豪的乐章。一直以来他们对英吉利海峡对岸的宿敌——英国文化耿耿于怀，现在则可以自豪地挥舞诸如烤牛排这样具有男子气概的法式料理大旗，对抗英国人那些装饰过多的蔬菜炖肉和豆焖肉等菜肴。

北欧地区对于辣椒的第二波抵抗运动来自宗教改革后新教神学的兴起。在清教徒眼里，人体消化系统的运作主要通过发酵，所以过于丰富的菜肴和过分复杂的调味品无疑会使身体负荷过重，最终造成消化道无力运作、阻塞，就像在背部（或胃）结成了一根棍子，让身体僵硬、坐卧难安。类似这样的饮食观逐渐成为正统。按照这种伪科学的解读，越是简单、朴素的食物，譬如新鲜蔬菜、香草、清蒸鱼和新鲜水果等越容易被身体吸收。因此该学说的拥趸们不仅强烈抵抗奢侈的饮食（他们将饕餮看作属于对立的天主教徒和其他大陆上异教徒的腐朽之罪），他们所倡导的朴素简约的饮食观还遥遥地回应了创世论神话里的一段——在创世神话的最开始，上帝就给了人类（这个人类有点像原始素食主义者）一个土地上生长出的果实为食物。

新兴的清教主义对烹饪的影响体现在酱汁基础的改良上。正如劳丹在她所著的食物历史书《帝国与料理》（*Cuisine and*

141

Empire）中所阐述的那样，许多世界性美食的调料，如印度、中国以及中美洲国家的调味品，制作原理都是在番茄和洋葱等基本配料的基础上，再增加香料、草药和其他调料。而在欧洲饮食文化里，酱汁的意义在于突出一道菜中蛋白质的精华。以肉和鱼为原料提炼出来的酱料本身就是它们所烹饪的作为主菜的鱼、肉的高度浓缩。在欧洲饮食文化中，调味品固然也很重要，但归根结底在菜肴中起到的作用还只是支持和补充，而不是一种完全独立于基本食材外的存在。即使酱汁最终达到的味觉效果是像花一样在味蕾中集中盛开，但也只是一种锦上添花，而不是一枝独秀、艳压群芳的独立元素。所有经典的印度菜肴都遵循同一种烹饪原理，即把一堆各式香料同置一锅加热，配以洋葱、大蒜和生姜等，然后放入番茄和辣椒，如此烩出一种口感复杂、口味多重的酱汁。只有当所有味道烩成酱汁后，才会放入主要食材继续熬煮，最后酱汁就和菜肴一起盛盘。而欧洲酱汁的做法和作用与以上的印度料理形成了鲜明对比。比如说在一道经典的法国料理中，鱼片或肉片等主食材先烹熟，再以葡萄酒、海鲜或者奶油作为调料与少量的鱼片或肉汁一起调成酱汁，直到最后才淋在盘中的主食材上。

这些在美食史上互相重叠的时刻，见证了辣椒对欧洲不同文化的包围和渗透。辣椒最终都毫无例外地被吸收进当地传统饮食文化中。如我们今天所见，西班牙和葡萄牙人对辣椒的热情最大，他们把辣椒略带刺激的炙热感融入了传统的香肠——乔利佐，还以红辣椒酱的方式给鱼肉和其他肉类烹饪增添了一种百搭的香辛料。而在法国，辣椒进入菜肴的唯一入口是位于法国西南部的巴斯克地区。在那里，一种名为埃斯佩莱特的一年生辣椒为诸如番茄甜椒炒蛋这样的菜肴增加点缀。满满的绿色钟椒、番茄、洋葱，为普罗旺斯蔬菜杂烩（Provençal Rata-Touille）这样纯粹无害的菜式加上了一些辛辣的刺激，就像是洁身自好的孩子身边突然出现了一位桀骜不驯的表哥。

除了那不勒斯和卡拉布里亚南部的部分地区，整个意大利对辣椒的兴趣都微乎其微甚至完全无感。直到 20 世纪，意大利人才开始广泛种植一种名为若奇尼的中等辣度的辣椒。意大利人习惯将切碎的新鲜辣椒制成调料或调味品加入意大利面，或者用盐渍或油渍的辣椒搭配腌肉和奶酪一起食用，在诸如意大利烟熏肉以及意大利辣香肠的食物里加入辣椒，从而在原有的口感之外多了一层恰到好处的脆嫩多汁感。意式香辣茄酱（Sugo all'arrabbiata，酱汁名直译过来叫作"愤怒的酱汁"）来自罗马周边的拉齐奥地区。这种酱汁的制作原料比较简单，通常由橄榄油、番茄和辣椒调制而成，但自诞生以来已经逐渐在国际美食上小有名气。与红辣椒酱比，它的辛辣程度没有那么气势汹汹，更像是一种微微的刺激，不过实际操作中，辣度的波动程度因采取不同的烹饪方式而略有差异。意大利的卡拉布里亚地区流行一种做法，和墨西哥的常见景象一样，这里的人们也习惯把一串串红辣椒晾晒在屋前的铁丝网上，形成一道奇特的景观。

在中欧，辣椒以无处不在的香料辣椒粉的形式谨慎地出现了。红辣椒粉起源于墨西哥，是一种由风干的红辣椒研磨而成的干性香料粉。虽然起源于墨西哥，但红辣椒粉在哥伦布时代之后不久就传入了伊比利亚半岛，并改名为西班牙甜椒粉。红辣椒粉很快成为西班牙西部地区，也就是大西洋海岸埃斯特雷马杜拉地区的地方菜肴的重要调料，之后的足迹如历史记载，向东沿着贸易路线到达近东和印度。在那里，它追随奥斯曼帝国风卷残云般的扩张版图，从陆地上又传播回欧洲。1538 年，奥斯曼帝国曾短暂包围葡萄牙的印度前哨第乌岛（Diu，古吉拉特邦外岛）。借由印度前哨，红辣椒粉最终通过土耳其，沿着巴尔干走廊进入到东南欧和中欧，穿过保加利亚，直至到达匈牙利。匈牙利的辣椒种植很可能最早来自保加利亚的游牧移民。

尽管红辣椒粉与匈牙利美食的关系可以说是密不可分，它给匈牙利传统菜匈牙利土豆牛肉汤（gulyás）以及其他慢炖而成的菜肴增添了一丝微妙、清甜又带烟熏味的刺激口感。但红辣椒粉真正完全融入匈牙利的烹饪饮食还得等到 19 世纪以后，借助后拿破仑时代的民族主义情绪，逐渐融入匈牙利社会各阶层的饮食中。即便如此，红辣椒粉在匈牙利最初的应用也很可能是来自游牧民——在南部平原上，人们就地生火、支起大锅炖牛肉。是他们最先开始在炖牛肉的调味里加入了黑胡椒（黑胡椒不是那么容易获得，所以不会每次都有），以及自己种植的红辣椒粗粗磨成粉，一起加进沸腾的锅里。

奇怪的是，与世界其他地方辣椒风味演变的趋势不同，匈牙利的红辣椒粉在近些年的历史发展中不是越来越辣，而是逐渐温和起来。从 20 世纪 20 年代起，红辣椒粉的原料开始采用一种特别栽培的甜椒和辣度温和的辣椒混合而成。在加工过程中还会用到一种专门用来分割辣椒果实的机器。这种机器能轻松分离掉辣椒籽和辣椒筋，也就是说，用来制作红辣椒粉的辣椒辣度进一步削弱了。随之而来的是在匈牙利饮食习惯中形成了这样一种印象：辣度最为温和、带有生动红色的贵族甜（édesnemes），常被认为是最上等的品种，而外观为棕红色、口味最辛辣的品种爱神（erős）则是嗜辣爱好者们的最佳选择。匈牙利南部大平原上的塞格德（Szeged）和考落乔（Kalocsa）是匈牙利辣椒的两个主要产区。

直到 18 世纪 80 年代，匈牙利对辣椒系统性的栽培工作才出现在佩斯大学*的植物园里。虽然系统性的栽培实验才刚刚起步，但辣椒食物已经在匈牙利农民和中产阶层里蔚然成风。1795 年，德国植物学家冯·霍夫曼赛克伯爵（Count Von HoffmanSegg）开始了他的匈牙利生物采集之旅，旅途中他在给妻子的信里写道："我真的很喜欢匈牙利菜，尤其是用红辣椒粉烹调过的那些肉，我想这种菜对我的健康也一定很有好处。"[2] 一句轻描淡写的赞

145

---

* University of Pest，现名罗兰大学。——译注

美，却足以推动红辣椒粉烹饪的菜肴进入匈牙利和德国的贵族美食圈。1879 年，可以说是美食史上一个重要人物、法国大厨乔治－奥古斯特·埃斯科菲耶（Georges-Auguste Esoffier）开始从匈牙利的塞格德地区进口红辣椒粉，用来给自己的匈牙利料理调味。新的菜系一经推出就立刻满足了世界对于法国高级料理的想象力。[3] 19 世纪 80 年代在蒙特卡洛居住期间，他终于得以在工作的格兰德酒店（Grand Hotel）的菜单上，加入了自己精心研制的新菜意大利炖牛肉和意式红椒鸡（poulet au paprika）。埃斯科菲耶发明的这些菜式在法国料理中逐渐变得耳熟能详，以至于在 1900 年的巴黎世博会上赢得了隆重登场的机会。而 1903 年，埃斯科菲耶在他划时代的美食书《烹饪指南》（Guide Culinaire）中收录了匈牙利土豆牛肉汤的菜谱，而收录的章节讲的就是国际菜式交融的范例。

诸如匈牙利土豆牛肉汤、匈牙利炖肉（pörkölt）和奶油辣椒汤（paprikás）之类的肉汤和炖菜，若是缺少了红辣椒粉的味道简直无法想象，匈牙利鱼汤（halászlé）或者叫渔夫汤里也少不了红辣椒粉的加持。渔夫汤是一种以番茄酱为基底，加入各种淡水鱼熬煮而成的汤。鱼汤里的鱼肉大多来自鲤鱼、鲈鱼和梭子鱼这几类。渔夫汤里用到的红辣椒粉辣度级别相对其他菜肴更高，由此可以称得上是中欧美食中最辣的一道菜了。为了缓解辣度，人们在食用渔夫汤时常佐以大量的面包，在圣诞夜还会配以雷司令（Riesling）白葡萄酒，热热闹闹地拉开节日的序幕。

在国际饮食口味趋势的影响下，匈牙利人的饮食也渐渐变得越来越辣。一波波罐装出售的红辣椒酱占领了匈牙利市场，进入当地人的厨房。其中一些出售的红辣椒还留存着辣椒籽，为的是能产生更辛辣的味道。这些辣度相当的辣椒是乌克兰东部边境地区的人们炖菜或面包酱的首选，也是罗马尼亚版红椒鸡和更辛辣的渔夫汤的重要调料。

匈牙利的红辣椒粉接着传入邻国德国和奥地利。在德国和奥地利，红辣椒粉又开始为称作 Paprika Schnitzel 的菜肴增添了一丝辛香料的滋味。Paprika Schnitzel 即是红辣椒粉炸肉排，早期又叫作 Zigeunerschnitzel（香辣炸肉排），通常由牛肉排或猪肉排裹上面包屑炸成，用甜椒、番茄酱和洋葱混合制成的鲜红色酱汁作为浇头。当然，也少不了红辣椒粉，这就构成了当地版的匈牙利土豆牛肉汤。维也纳红椒鸡（Paprikahendl）这道菜的发明最初也来自邻国匈牙利，从布尔根兰进入奥地利境内。维也纳红椒鸡通常与传统的德国鸡蛋面疙瘩（Spätzle）以及沙拉一起食用，蘸酱是一种用红色甜椒、番茄酱和奶油酱调制而成的复合酱料，既带有红辣椒的微辣，也含有香草的芳香。在英国人眼里，添加了红辣椒粉的菜肴因为有了这种辛香料的辣味，就要称为"魔鬼菜"。比如说"魔鬼蛋"就是在对半切的熟鸡蛋上抹上精心调味的芝士蛋黄酱和红辣椒粉。如果想要寻求口味上更热辣的刺激，还会在此基础上再滴上几滴辣椒酱。不过在德国，魔鬼蛋另有来自其他民族的做法和名字，比如俄罗斯鸡蛋，或者酿馅

147

鸡蛋。在奥地利流传的羊奶干酪（Liptauer）中，红辣椒粉也扮演着明星一样的重要角色，与淡奶酪和洋葱一起调味（羊奶干酪最初来自斯洛伐克的利普托夫地区，曾属于注定要灭亡的奥匈帝国）。羊奶干酪常常抹在单面朝上的三明治和酥脆的面包上，是酒馆里常见的小吃，最常搭配的酒饮是丰收季里刚酿好的白葡萄酒。

辣椒专家达夫·德威特（Dave DeWitt）认为，有书面记载的红辣椒粉首次出现于 1817 年，维也纳印刷出版的欧洲菜谱《烹饪艺术理论和实践纲要》（*Theoretical and Practical Compendium of Culinary Arts*）中。作者 F. G. 赞克（F. G. Zenker）曾是施瓦岑贝格（Schwarzenberg）王子和奥地利陆军元帅卡尔·菲利普（Karl Philipp）的宫廷大厨。不过显而易见，红辣椒粉在书中出现的位置并非属于中欧任何一种传统菜肴的准备工作，而是归于一种名为"印度风味肉汁鸡"（Chicken Fricassée in Indian Style）的食谱里。[4] 1817 年时，红辣椒粉在多数印度菜肴里的烹饪方式都不仅仅是撒一勺那么简单，而是要充分涂抹，保证香料的小分子能够渗入食材。这样的处理方式很符合当时德国上层社会（Oberschicht）的饮食审美。

再往远处去，北欧地区对辣椒的接受十分有限。最典型的一点，辣椒几乎没有对斯堪的纳维亚的传统饮食带来任何影响。尽管在近东贸易路线上的国家，比如原隶属于俄国的中亚各国都能见到辣椒的传播踪迹，但俄国的欧洲部分在食用辣椒时还是保留了一种非常谨慎的态度。即使需要在俄国和乌克兰的传统索尔扬卡（Solyanka）肉汤和蔬菜切丁沙拉的调料中，或是牛肉通心粉酱的调味汁中必须加入辣椒，似乎也只是象征性地加那么一点。这还是希望菜肴能有更热辣的滋味，否则就会选用芥末而不是辣椒。19世纪末20世纪初，大批朝鲜人涌入俄国东部地区，随之而来的还有包括泡菜在内的朝鲜料理和调味品。泡菜在整个俄国地区都很受欢迎，不过韩国美食作家宋长珠（Changzoo Song）发表在《民族食品杂志》（*Journal of Ethnic Foods*）的一篇文章却认为："与当代韩国相比，（俄罗斯）泡菜里的辣椒粉要少，辛辣的味道因此也就没有那么浓烈。"[5] 和同时期西欧上流社会的饮食文化一样，沙皇时期的俄国也有精英饮食文化与农奴饮食习俗相分离的倾向。俄国的上层饮食文化留给人们一种惯性心理，即对辛辣调味品心有戒备，担心过重的味道会完全覆盖味蕾原本的感知。

　　辣椒确实凭借实力，给自己在伏特加酒的调味品中找到了合适的位置。胡椒伏特加的确切起源已经无从考证，不过据说沙皇彼得一世，即彼得大帝（统治时间从1682年至1725年）曾经就很喜欢用黑胡椒来调配一杯精酿的伏特加酒。与伏特加酒流传下来的其他调配传统一样，胡椒伏特加这项技术的产生最初很可能是为了掩盖酿造过程中未能充分蒸馏的一些难闻气味。胡椒伏特加（Pertsovka）作为一种制酒传统传入乌克兰以后，改名为horilka，还发展出了一种名为horilka z pertsem的变种。在乌克兰的这种伏特加酒里，常常泡有一颗或两颗完整的红辣椒。红辣椒配伏特加酒的喝法传到波兰以后又改称为 Pieprzówka。大多数情况下，加入伏特加里的多是复合香料，包括辣椒、黑胡椒粉，以及用胡椒和荜澄茄精油调过的红辣椒粉（荜澄茄算是黑胡椒在印度尼西亚的表亲。从外观上的区分方式是胡椒籽尾部有一个小尾巴状的突起）。如果你是一个嗜辣的酒类爱好者，那么不妨尝试一下辣椒伏特加的滋味，比如一种叫血腥玛丽（Bloody Mary）的伏特加酒，一定会给你的口腔带来战栗的感觉。

在英国，辣椒被纳入国民饮食习惯的程度，并不比大部分北欧国家深。虽然近年来人们对辛辣食物的热情越发高涨，尤其表现在每年大大小小辣椒节的举办数量呈指数级增长。但对大多数英国人来说，他们更满足于从超市的货架上购买辣椒，就像他们习惯以这样的方式体验各式各样的外国美食，这些美食已经融入了国家料理的想象中。这包括对印度料理的广泛喜爱，泰国和东南亚食品（包括更火的中餐）的迅速流行，以及对热度一直不减的墨西哥料理的追捧。基于店里的装修布置和氛围，人们常常误以为英国墨西哥餐厅里的墨西哥料理才是正宗的墨西哥菜，但实际上英国墨西哥菜的辣度已经改良了许多。墨西哥辣肉酱是厨房里的一道家常菜，在英国最常见的做法是准备一罐红芸豆，一些切碎的红色或绿色甜椒，罐装的番茄。这些原料混合在一起的鲜美酱汁很容易就盖过了牛肉的风头。在近些年的演变发展中，这道菜的香料范围已经从标准的辣椒粉（在美国用得比较多的是混合辣椒粉，而在英国单一种类辣椒磨制成的辣椒粉往往更为常见），扩展到整颗干辣椒、辣椒粉以及家里香料储藏室中任意一种辣椒调味酱——从美式风格的奇雷波烟熏辣椒，到更具北非风味的哈里萨辣酱。除此以外，电视里大厨和美食作家还常就这道家常菜侃侃而谈，鼓励人们在自家的厨房里大胆创新，加入诸如黑巧克力、咖啡等，再加上鳄梨、萝卜条等装饰。我面前现在就摆着一份食谱，建议在锅里加入罐装的烧烤酱味甜豆。不过这样的建议还是少听为妙。

在人们普遍使用红辣椒粉以前，英国的香料架上通常只有两种——味道温和的辣椒粉和卡宴辣椒粉，后一种辣椒粉会在只追求一点点辛辣滋味时选用。但除此以外，英国就没有什么更辛辣的调味品了。伊莎贝拉·比顿（Isabella Beeton）曾在她的《家庭管理规范》（*Regular Book of Home Management*，1861）一书中介绍了一种名为"英国辣椒"的神秘食物，做法是在1品脱醋里塞满50个掰开的辣椒。鲜艳的红色不像是沙拉的装饰，反倒更像是火箭的燃料。这就不禁使人产生对维多利亚时代辣椒辣度的怀疑，无论当时流行的辣椒变种是哪种，英国维多利亚时代的辣椒在史高维尔指数上一定都相当低。除此之外，英国饮食文化的风格也与世界上拥抱辣椒的其他地区大不一样，其认为没有要把辣椒加入英国菜谱的必要。虽然英国的超市里能看到一些食品公司有关辣椒的各种创新，比如具有东亚风味的辣肠卷和多功能辣椒酱，但回到英国菜本身来说，辣椒始终没能成为其中的必备元素。这一点倒是与英国对待葡萄酒的态度一致。数个世纪以来，由于气候因素的限制，英国从未有过自己的葡萄酒生产，但这并不妨碍它吸收乃至精通其他地区的葡萄酒文化，最终成为葡萄酒贸易的关键地区。酒如此，辣椒亦然。如果印度、泰国、墨西哥和得克萨斯州已经擅长烹饪辣椒美食，那么就开开心心地吃这些外来文化的美食吧，不用对英国菜动什么手脚。

8

红碗与辣椒皇后
一场美国式的风流韵事

北美洲早期的饮食文化正如它的历史开端一样，留下了多元化的
足迹。欧洲各国的殖民者们跨越大西洋，带来了不同背景的美食
传统，在这里交流碰撞。使用烹饪书进行标准化的操作是带有鲜
明英式风格的烹饪传统。其中比较流行的烹饪手册有伊莉莎·史
密斯的《巧手主妇》（Eliza Smith, *The Compleat Housewife*，
1727）和汉娜·格拉斯的《容易上手的烹饪艺术》（Hannah
Glasse, *The Art of Cookery Made Plain and Easy*, 1747）。这
些手册的菜式都多少保留了一些曾经英国贵族饮食的口味与习
惯，当然在编写时还根据中产阶级家庭厨房的实际情况进行了改
良，更方便他们厨房里的佣人进行实际操作。从乔治·华盛顿、
托马斯·杰斐逊和本杰明·富兰克林的厨房里，能看出格拉斯烹
饪书的影响力。虽然它在烹饪精神上沿袭了盎格鲁 – 撒克逊人的

勤俭节约，比如手册第三章的题目就是"读了这一章，你会发现法国厨师的酱汁造价有多昂贵"，不过从创意上来说，这本书的作者还是没有抵抗住对高级料理光鲜外表的向往。书里列举了各种诸如松露酱等花式酱汁的做法，以及"法国面包"的食谱。当然，你也可以根据这本书的指引，尝试制作印度风味的咖喱鸡肉。按照书里的推荐，这道菜的调料是生姜、姜黄和胡椒，但此时还未使用风味更猛烈的辣椒。

1805 年格拉斯的书在北美正式出版，但比阿梅莉亚·西蒙斯所著的《美国烹饪》（Amelia Simmons, *American Cookery*, 1796）晚了几年，所以后者才被普遍认为是美国独立以后本土出版的第一本真正的美国烹饪书。从手册目录上看，虽然西蒙斯的食谱与英国食谱有着明显的继承性，但在因地制宜方面西蒙斯可以说是勤勤恳恳。许多传统的英式菜谱里的原料被她用新英格兰和东海岸本地所产的季节性食材所代替。第一个像这样改头换面、最终得以印刷出版的菜谱是小红莓烤火鸡，加入了玉米片约翰尼蛋糕、印度布丁和松糕。书里还有更令人瞩目的菜谱，例如教你如何用大量的卡宴红辣椒装点、调味雏鸡和小牛头之类的菜肴，或是诸如蔬菜炖牛肉这样的法国菜。这倒是美国烹饪史上第一次旗帜鲜明地提出"更辣一点"的建议，而不像以往提议只加点普通胡椒就好。

19 世纪的苏格兰药剂师威廉·基奇纳所著的《阿普西乌斯的

复活》（William Kitchiner, *Apicius Redivivus*）*，1817 年版又叫《厨师圣经》（*The Cook's Oracle*）。[1] 1830 年，这本食谱跨越大西洋，进行"贴近美国公众的改编"后出版了纽约版。书里在制作肉类和鱼类食物的调味酱汁上采取了一种大胆的方法，即利用了今天的食品科学所定义的鲜味。鲜味是一种浓缩的味觉元素，154用于给冷餐肉、鱼和沙拉调味。基奇纳书里介绍的开胃酱，基底是一种上等的蛋黄酱，但也常常添加蘑菇酱、辣根、刺山柑和红辣椒粉在内的其他调味品。烤肉时常用的酱油可能会添加"一点辣椒醋，或者几颗卡宴辣椒"来提升辣度。在这本书里，作者基奇纳还警告消费者提防和分辨那些以次充好的辣椒。劣质的辣椒可能会用氧化铅染红，以掩盖真实劣质的腐坏变色。用自己种植的新鲜辣椒制作干辣椒粉的方法在书里也有详细介绍："去掉辣椒茎，把辣椒果放进漏斗里；置于火上烤炙整整 12 小时直至干燥；然后把干燥的辣椒放进研钵中，加入辣椒重量 1/4 左右的盐，一起捣碎、揉搓，粉末越细腻越好。一切准备妥当以后，就可以放进密封的瓶中保存。"有一种辣椒酒可以满足真正的辣椒爱好者们的嗜辣需求。每半品脱白兰地、红葡萄酒或白葡萄酒里，泡进数量夸张的 50 颗左右的新鲜红辣椒，完全浸泡两周以后的液体只要在熬汤或做酱汁时稍许滴入两滴，就能立马提升档次。

有关调料、酱汁的各式各样的尝试和创新，在西班牙菜肴

---

* *Apicius* 是最早的罗马烹饪书。——译注

对北美大陆的影响下，最终遇上了番茄，由此形成了一种辣度越来越高的混合酱料——这倒是仿佛重现了墨西哥原始的辣椒番茄酱。目前还不能确定番茄在美国的确切传入点，但很有可能来自17世纪末，引入者是从英属西印度群岛到美洲南部殖民地的移民们。从他们开始，番茄才逐渐进入北美料理的菜单里。到美国独立战争爆发时，番茄已经遍布整个卡罗来纳州，但还是有很多人拒绝吃番茄。当欧洲人在番茄浪漫的"爱情果"的命名下，开始对其萌发好感时，在大多数美国人的眼里，番茄仍然是一种有毒的果子。有些人即使不觉得番茄具有毒性，也觉得它看起来恶心，难以入口。

与之形成鲜明对比的是，在非殖民地的美国西南部，一种对待辣椒截然不同的态度正逐渐开始占据上风。在大平原和落基山脉工作的农场主、牧马人和牛仔们继承了墨西哥牧民（vaqueros）的诸多传统和生活方式。到了19世纪中叶，英裔和法裔移民来到密西西比河以西，与西班牙人和克里奥尔人一起混居。这些人定居的墨西哥北部地区就是如今的得克萨斯州和加利福尼亚州。在遥远的史前时代，辣椒传播到现在的南方各州依靠的是鸟类的作用。早在17世纪初，美洲原住民就开始培育辣椒，并将辣椒发展成他们经济贸易中的一种重要商品。直到今天，形似浆果、称为奇特品的野生辣椒仍然生长在亚利桑那州和得克萨斯州南部的土地上。许多开国元勋的私家花园里都种上了辣椒植物，种子则进口自墨西哥。不过和欧洲人一开始对待辣椒的方式一样，那些种植在花园里的辣椒，只是为了装饰而非食用。

19世纪后期，一些个头较大的辣椒以酿辣椒的方式在美国的烹饪书中找到了自己的位置。酿辣椒的烹饪方式花样繁多，但万变不离其宗的是要整个剔除辣椒豆荚里的辣椒籽和辣椒筋，之后填以精心调制过的各种馅料。接下来的烹饪方式要么是放在火上烘烤，要么把它们投入吱吱作响的热油里炸至酥脆。有时候酿辣椒会在表面裹面油炸，填充的馅料通常由切碎的肉末、番茄、米饭构成，或许还可以再来一点干果。在一些美式食谱里，制作酿辣椒通常会选择辣度温和的甜椒，但要做真正的普埃布拉料理，就必须要用到波布拉诺辣椒。青色波布拉诺辣椒的辣度还算温和，长成红色辣椒时，辛辣程度就非同一般了。在边境以北，酿辣椒的填充馅料里终于出现了奶酪，于是常常可见融化的蒙特雷杰克奶酪从烤裂的哈瓦那辣椒中缓缓溢出。

墨西哥饮食文化对南方各州饮食的影响深刻且广泛，日积月累中还发展出了西半球最重要的具有文化融合风格的美食。尤其是得克萨斯州的"得州风味"，已经成为世界公认的一种美食风格。同样富有地方特色的美食风格还出现在加利福尼亚州、新墨西哥州和亚利桑那州。许多经典菜肴，尤其是例如包括酥玉米卷、墨西哥烧肉（fajitas）和烤干酪辣味玉米片在内的街头小吃名声在外，常常被错认为源自邻国墨西哥，实际上却是土生土长的美国本地发明。除此以外，即使是同一类菜肴，备餐和装饰的方法也和墨西哥原版有所区别。比如说墨西哥料理用到的奶酪大多是质地较干的咸味奶酪，而大量使用松软的奶酪则是得克萨斯人的烹饪习惯。墨西哥的咸味干奶酪，经常像龙舌兰一样磨成碎片出售，方便人们直接撒在安其拉达卷或煎豆泥（refried beans）上。但要是想给一道菜增稠，这样的奶酪就不太好用了，得使用 bubbling Jack、Velveeta*或切达奶酪（Cheddar）这样的美式奶酪，给辛辣的菜肴增加脂肪的滋润。这样的风格就是彻头彻尾的得克萨斯式墨西哥料理（Tex-Mex），又叫"得州风味"。同样的情况在豆类食品上也有体现，除了黑豆，斑豆、利马豆和红豆都是美国人的主食。孜然在墨西哥菜肴中很少使用，却是得克萨斯州特有的香料。按照得克萨斯州食物历史学家罗布·沃尔什（Robb Walsh）的说法，孜然可能是 18 世纪时，从加那利群岛迁至圣安东尼奥的定居者们带来的。

香料架上另一种常会用到的香料是辣椒粉。得州最经典的一种辣椒粉据说来自 19 世纪 90 年代圣安东尼奥附近的新布朗费尔斯（New Braunfels），发明者很有可能是在当地经营着一家咖啡馆的德国移民威廉·格布哈特（William Gebhardt）。就对得州饮食文化的影响而言，得州山区的得州人在该州几乎与得州的墨西哥人不相上下。而在山区的得州人中，格布哈特又是其中的一个关键性人物。格布哈特在当地经营着朋友的沙龙酒吧的餐饮部——凤凰咖啡馆（Phoenix Café）。在他的店里，顾客们喜欢

---

* 一种软奶酪的品牌名，1928 年由卡卡公司推出。——译注

观看像斗獾这样的娱乐活动。一只鹦鹉站在店门口的栖木上，用蛮横的德语向每一位正要离开的顾客厉声问道："你付账了吗？"

格布哈特店里的辣味菜肴在当地人中很受欢迎，但受限于当地辣椒的丰收仅在夏季短暂的几个月里，辣味菜肴也只能季节性供应。为了让食客全年都能畅享辣味菜肴，格布哈特从 500 英里以外的南部圣路易斯波托西州进口墨西哥安可辣椒。接下来的问题是如何以最节约的空间把这些辣椒保存一年以上。格布哈特最初的处理办法是用绞肉机反复碾碎这些辣椒果，但很快他想出了一个新的解决办法，将干辣椒与孜然、大蒜、牛至和黑胡椒等其他调味品混合，然后把混合物浸泡在酒精溶液中，接下来再捣成糊状，加热干燥，最后通过咖啡研磨机加工成粉。这种混合辣椒粉不仅方便在厨房里随时使用，还易于包装成小份出售，所以渐渐发展出了专有品牌——1899 年注册的商标格布哈特鹰牌辣椒粉（Gebhardt's Eagle Brand Chili）。最开始它的名字其实叫坦皮科之尘（Tampico Dust），不过考虑再三以后，它的发明者换掉了这个名字。

　　格布哈特把他的辣椒粉产品装在大篷车的后面，在圣安东尼奥的街道这头走到那头，吆喝着兜售——这是当时特别典型的西方营销模式。19 世纪结束之前，鹰牌开始在当地城市进行工厂化批量生产；至"一战"时，每日产量已经能达到 1.8 万瓶，其使用的辣椒已占到美国辣椒总进口量的 90%。1923 年，格布哈特撰写了一本《美国家庭的墨西哥烹饪》（Mexican Cookery for

American Homes）的小册子，虽然最初没有特别宣传，但产生的影响力却远超作者预期。直到 20 世纪 50 年代，这本烹饪手册仍然在一次次再版。格布哈特于 1956 年去世，在世时因此积累的财富达数百万美元。虽然现在他的公司早已在大鱼吃小鱼的过程中被大公司吞并，但格布哈特的品牌得以保留，至今仍然存在，旗下出售的辣椒粉仍然沿用着创始人最原始的配方。

另一个声称发明了辣椒粉的历史人物是德威特·克林顿·潘德利（DeWitt Clinton Pendery），他一手创办的家族企业，直到今天仍然实力强大。1890 年前后，潘德利开始向沃斯堡及周边地区的零售商和酒店出售一种叫作 Chiltomaline 的混合香料粉。这种辣椒粉也是由磨碎的干辣椒、孜然、牛至和其他香料组成，但配料里没有大蒜。在营销策略上，相比格布哈特，潘德利更注重强调辣椒对身体的益处："该辣椒粉具有无与伦比的保健功能。它们能调理肠胃，调节消化功能，自然激发食欲，通过促进肾脏、皮肤和淋巴管的功能运转，为你带来健康。"[2]

在雷切尔·劳丹看来，辣椒粉的发明与使用在很大程度上改变了西方世界对辣椒的认识。不过与美国厨房里习惯使用现成的辣椒粉不同，墨西哥人习惯将捣碎后的辣椒粉再加水的处理方式。后者能使辣椒在食物中发挥出更饱满、立体的风味。从某种程度上来说，西方料理热衷于使用辣椒粉，或许是他们早期尝试印度料理时，逐渐习惯了使用咖喱粉后的一种惯性延续。不过在印度料理里，新鲜烘焙、研磨和混合的干香料在使用上还有一个更明显的特征。按照大多数印度食谱，洗净的肉类会先用这些香料粉进行腌制调味。相比之下，辣椒粉在添加到美式墨西哥菜和其他北美以及欧洲的辛辣菜肴里的方式更像是一种调味品，而非作为整体菜肴的配料。在评论中美洲料理的这一转折以及其对历史产生的反作用力时，劳丹写道："过去人们学到的很多关于辣椒的知识都被忽略了。在除了北非以外的大多数地方，干辣椒不会再入水回味，而是直接搅拌成泥或酱汁。于是辣椒本可以给菜肴带来的亮丽色泽、质地和果味口感都浪费了。并且以辣椒粉的形式入菜以后，辣椒的摄入量也随之降低。没有大量食用辣椒也就意味着浪费了辣椒中丰富的维生素 C。"[3] 总的来说，辣椒在中南美洲饮食体系里普遍被看作点缀的调味品，从而牺牲了辣椒本可以为一道菜补充多种营养和多种烹饪方式的功能。辣椒功能的改变可以看作辣椒在向边远饮食文化传播历史中发生的转折，由此我们不由得会想起一个关于辣椒的热门话题——辣肉酱。

1977 年得克萨斯州的立法机构在一项决定中宣布：得州的国菜为辣肉酱——或者干脆就叫辣椒，简单明了。众所周知，这道美味诞生的时间在 19 世纪中叶，最初是牛仔在旅行途中的粮食补给。关于辣肉酱的起源，最早由一位得州石油商，同时也是西南地区勤奋的历史学家埃弗莱特·李·德戈莱尔（Everette Lee DeGolyer）提出。在他发表的论文中还提供了有关辣肉酱起源的一系列佐证。1850 年左右，为大草原上往返大篷车里的人们准备的速食餐正流行。这种速食由风干的碎牛肉、脂肪、牛至和辣椒一起捣碎，凝成长方体的形状，后来被称为"辣椒砖"。因为美洲原住民也有把肉类制成肉干的传统做法，德戈莱尔将这种速食称为"西南干肉饼"。西南干肉饼的发明给长途旅行者带来了福音。旅行中腌制食物必不可少，而不同于其他腌制品的是，这些辣椒砖一旦在篝火上的沸水中加热，就会软化成另一种肉质状态，像是牛肉粥那样兼具美味和营养，足以满足旅行者的口欲与补给需求。

关于辣肉酱的起源还有另一种说法，即辣肉酱的发明者可能是一帮洗衣女工。19世纪30年代，她们曾跟随墨西哥人以及其他队伍穿越如今的得克萨斯州地区。在这种起源说里，当时加进辣肉酱里的肉类也许不是牛肉，而更有可能是鹿肉甚至山羊肉。但调味品里一定少不了辣椒，鉴于每天晚上炖菜的铁盘白天也会用来洗衣服，所以必须要用辣椒掩盖气味。除此以外，洗衣女工们似乎还用采摘的野生草药马乔莲代替了牛至。

罗布·沃尔什在辣肉酱的起源说上提出了更为有力的观点。在他看来，辣肉酱的发明者更有可能是18世纪时移居到这里的西班牙人。在被许诺会分得新大陆的财富、土地以及爵位的诱惑之下，他们从伊比利亚半岛来到此处，也带来了自己的饮食文化。[4]辣肉酱里的配料孜然最能证明这一观点。孜然这种香料从来与美洲西南部土著人的食物没有任何交集。孜然最初来自中东，而东西方交流中，西班牙人已将孜然的使用纳入自己的烹饪方式之中，之后又将其传播到美洲。从这一点来说，辣肉酱里的番茄也算是一种外来配料。最开始诞生于草原的辣肉酱食谱里似乎并没有番茄。和孜然一样，番茄显然也是伴随着伊比利亚移民而来的物产。今天，一些坚持得克萨斯州传统的地方主义者，对任何进入得州的西班牙文化都满怀敌意，所以在他们看来，真正的辣肉酱是没有番茄的。

除了要把番茄剔除出正统辣肉酱的队伍，还有一种地位岌岌可危的辣肉酱成分是红豆，或者说，不管什么种类的豆子都不该加进辣肉酱里。豆类出现在辣肉酱印刷食谱的时间大约开始于 20 世纪 20 年代，可能是游牧民和农场主把自己常吃的另一道菜"猪肉焖豆"与牛肉辣椒嫁接到一起。在关于正统辣肉酱的大辩论中，食谱里该不该有豆子的问题比起其他任何问题的讨论都更为激烈，炙热程度就像辣椒本身一样。2015 年 2 月《国家地理》刊登的一篇文章中，作者丽贝卡·鲁普（Rebecca Rupp）曾报道：

鲁迪·瓦尔迪兹（Rudy Valdez）是尤特族（Ute）印第安人部落的一员，1976 年，他依据一种当地食谱的做法赢得了世界辣椒锦标赛。瓦尔迪兹声称，他食谱的历史可以追溯到 2000 年前。根据瓦尔迪兹的说法，最初的辣肉酱原料采用的"是马肉或鹿肉、辣椒，以及茎穗只能长到膝盖高度的玉米磨成的玉米粉合制而成"。关于豆子的争论这篇报道提供了很有力的证明，瓦尔迪兹补充说："没有豆子。"[5]

所以即使回到古代，辣肉酱这道菜里也没有豆子。你在超市里买到的辣椒鸡肉罐头里可能塞满了芸豆或蚕豆，但如果你是一个较真的家庭厨房烹饪者，那就不用在这个问题上纠结了——得克萨斯州的官方菜肴里确实没有豆子。

希瑟·阿恩特·安德森从不理会其他各种关于辣椒起源的争论，他直截了当、大胆宣称："抛开文化的完整性不谈，辣肉酱毫无疑问是由得克萨斯州的拉丁裔人发明的。从 19 世纪中叶开始，这道菜伴随着'荒野西部'系列写作的走红和民众对边境生活场景的向往而在美国兴起。"[6]当然，另一本对辣肉酱来说极具历史意义的书籍就是《辣椒牛肉酱》（*Chile Con Carne*），又名《扎营筑地》（*The Camp And The Field*）。这本书的作者 S. 康普顿·史密斯（S. Compton Smith）是一位美军的外科医生，他记录了美国与墨西哥的一系列军事冲突过程，成稿出版于 1857 年。这一年距离美国吞并墨西哥的得克萨斯地区，由此爆发军事冲突的时间也不过短短数十年。所以书中康普顿·史密斯记录的这道菜似乎极有可能是"一道受欢迎的墨西哥菜——表面上是红辣椒和肉为原料构成的墨西哥菜"，但考虑到得克萨斯州的历史，实际上最早的发明者应该是西班牙裔。[7]不过问题的重点在于，就像许多传入不同烹饪文化中的其他菜肴一样，辣肉酱几乎在到达新家的第一时间，就被当地人依据地方口味进行了创造性的改良。正如美食作家安德鲁·史密斯（Andrew Smith）所说："（康普顿）史密斯确信，很可能整个墨西哥北部和美国西南部都会做这道菜。但就这个词本身而言，是完全美国化的。"[8] 所以回到当时的历史背景，人们对这道菜的名称更有可能的表述是肉辣椒（Carne Con Chile），即加了辣椒的肉，而不是加了肉的辣椒。而在这道菜的西班牙名字里，肉似乎只是一种可选的附属品，由此看来辣肉酱的西班牙名字实在令人怀疑，很有可能是一个得克萨斯人而非西班牙人发明的。

不管究竟名字如何，红肉配辣椒，再加上香料的炖菜无疑是战争年代里战场上常见的食物。1845 年，也就是美墨战争爆发的前一年，一位北方记者坐下来与一位美国军官共进晚餐。这位记者一直以来所接受的良好教育和北方礼仪很快将向动荡边境上的热辣菜肴投降："在我们前线地带，一顿大餐是牛肉和猪肉脂肪一起架锅煮出香气，再用红辣椒粉调味到火辣辣的程度。如果喉咙承受不了这种辣度，可以喝一些牛奶。墨西哥的女人还为我们制作了薄薄的墨西哥薄饼，叫作 Tortillias。"[9] 这道招待客人的菜几乎可以推断是辣肉酱无疑，而且从解辣的方式来看，当时的人们就已经发现牛奶比水更有效。

即使辣肉酱的起源来自遥远的墨西哥传统美食，但如今凡是有自尊心的墨西哥人都不会承认得克萨斯的辣肉酱与他们的民族食物有什么关系。食物往往是相邻国家之间互相竞争与表达反感情绪的聚焦点。还有什么比讨厌的隔壁邻居吃的那些垃圾食物更能代表他们民族劣根性的呢？墨西哥人对辣肉酱的否定评价从 20 世纪这道菜肴走向不同发展路径时就开始了，只不过当时表现得还不太明显。在 1942 年出版的《美国通用词典》（*General Dictionary of America*）中，弗朗西斯科·桑塔马里亚（Francisco Santamaría）宣称辣肉酱是"一种令人厌恶的食物，顶着墨西哥的假名字在美国得克萨斯州招摇撞骗直到纽约"[10]。离开墨西哥边境，越往北这道菜的可憎程度就越高。又一次的移民之旅把豆子加进了这道菜，而辛辛那提（Cincinnati）的变种里，辣椒和豆子之外又多了意大利面。后一种做法来自马其顿移民餐厅的经营者基拉迪夫兄弟（Kiradieff）。从 1922 年开始，辛辛那提版的辣肉酱最早在韦恩街皇后剧院旁的一家热狗店出售。如今，它成了当地有名的"传统"菜肴。

如果要讲述得克萨斯辣椒的故事，细数其中各民族交融碰撞的过往，就必然绕不开辣椒皇后。辣椒皇后值得致敬，虽然不能确定这些可敬可爱的墨西哥女士是从何时起，定期在圣安东尼奥的军事广场上贩卖她们的辣椒制品。有人确信 19 世纪 80 年代她们就在那里了，还有人认为开始的日子也许还得再往前推整整 20 年。她们是这样一群街头小贩——穿着华丽的民族服饰，把摊子支在敞篷马车后，每天日落时分给马车摊悬挂上炫丽的彩色灯笼。她们用牧豆树在广场上升起火，如果辣肉酱凉了，就放进炉火上的罐子里重新加热，这样路人就可以即买即吃。每个摊位都有自己的独门秘方，常客们乐于将这些摊位美食挨个品尝，以挑选出最对他们口味的一款。体力劳动者对辣椒皇后提供的食物心怀感激，因为这是他们几乎每个人都可以负担得起的既丰盛又辛辣的食物（每份平均只需 10 美分，还赠送一份面包和一杯水）。

尽管圣安东尼奥的绅士们对不登大雅之堂的小贩充满睥睨，试图借用各种法律手段让摊位关闭，但一直收效甚微。19 世纪 90 年代初期，市长布莱恩·卡拉汉（Bryan Callaghan）曾把阿拉莫附近的摊位驱逐出自己的区域，但摊贩们很快又悄无声息地卷土重来，继续在没有许可证的情况下贩卖。一张摄于 1933 年 1 月的照片记录了该市干草市场广场（Hay-Market Plaza）的一个辣椒摊位。摊位上有三名女性工作人员。从照片上看，顾客们挤在摊位周围，其中还包括一个拿着乐器伴奏的男孩，可能是流浪吉他手的儿子。所以集聚于此的人目的只有一个，就是品尝存在了整整半个世纪的辣椒皇后的美食。直到第二次世界大战之前，这些摊贩被强制要求以帐篷的方式出售食品，辣椒皇后们才最终消失。第二次世界大战像是一种最有效的法律手段，比任何方式都更能影响摊贩的生意。

在圣安东尼奥的贫困地区拉雷迪托，除了露天摊，许多简陋的住宅也成了辣椒爱好者的寻味之所。正如《斯克里布纳》（Scribner）杂志记者爱德华·金（Edward King）在 1874 年 11 月为杂志撰写的一篇得克萨斯州旅行记中所描述的。[11] 他走进一间房子，映入眼帘的是屋内的一张长桌，桌两旁摆着长凳，桌上摆着碗和玻璃杯。一只孤零零的烛台模糊地照着这片区域。小鸡们在地上攒动，正安顿下来准备过夜。"皮肤黑褐、丰满的墨西哥妇女们会在你面前摆上各种可口的混合食物，酱汁中流动着火辣辣的辣椒，吃起来舌头像被蛇咬了一口；而墨西哥薄饼，这种冒烟的热甜品，薄得像剃须刀片，口感却极其美妙，是面包最好的替代品。"这些家庭餐饮业可以看作后来户外辣椒摊的前身，在冒险进入穷人家的厨房之前，这种方式让辣椒美食有了更多的潜在消费者。等到辣椒美食摊如雨后春笋般遍布大街小巷的时候——在美国，最早也是最简单的墨西哥餐厅模式已深入人心。各个阶层都广泛接受了这种风味，在辣椒的感召下，权贵阶级甚至与平民百姓在最喧闹的街区里打成一片，共同享受辣味美食所带来的乐趣。

1882 年，南方联军退伍老兵威廉·托宾（William Tobin）接到了一份大订单，订单来自美国军队，内容是向他采购辣肉酱作为军事供应。在辣椒的批量化生产进入大众市场之前，托宾就已经开始生产罐装辣肉酱，可以说是第一人。不过在他最初的辣肉酱配料里，使用的是山羊肉而非牛肉。也许是为了向墨西哥洗衣女工的辣肉酱致敬，也许单纯只是为了压缩成本。至于洗衣女工，也许她们并不认同辣肉酱的发展理论，但毫无疑问她们是关于这道菜的故事里不可分割的一部分。2017 年 8 月，约翰·诺瓦·洛马克斯（John Nova Lomax）在《得克萨斯月刊》（*Texas Monthly*）上撰文提道："很容易想象，洗衣女工和辣椒皇后从本质上来说是相同的。圣安东尼奥一直是一个军事城镇——从某种意义上看，直到今天它还保持着类似的功能，所以不难想象这样一副图景：当19世纪，士兵们收拾行囊准备奔赴战场时，辣椒皇后也由此失去了她们和平年代的主要顾客，只能收拾起锅碗瓢盆，也准备上路，不然她们还能做什么呢？"[12]

1893年，辣肉酱在芝加哥举行的世界博览会（又称为哥伦比亚博览会）上亮相。这是欧洲人为了庆祝发现美洲400周年而举行的盛大活动。除了向世界参观者介绍麦片和果味口香糖，得州馆还展出了一个"圣安东尼辣椒摊"（San Antonio Chilley Stand）。再一次，辣肉酱在被大多数人第一次尝试时就赢得了立竿见影的好感，尽管它强劲的辣味对大多数从未体会过辣椒的味觉来说绝对是一种震撼。这一事件似乎点燃了将辣椒传播到北方各州的导火索。不久之后，有关这道菜的各种食谱开始纷纷涌现。当它加入了豆子和番茄，并在墨西哥评论家的轻蔑中彻底美国化后，辣肉酱不仅成为得克萨斯人的明星菜，也成了全美国人的国菜。

尽管得克萨斯州已经宣布辣肉酱是州菜，但他们颁布的官方食谱实在令人心碎。食谱非常粗陋，只有几个直截了当的指导方针，不用细读，我们也能清楚知道他们这些所谓的指导方针是什么。不能加入豆子，不能加番茄（或罐装番茄酱），除非你觉得非常有必要。没有诸如巧克力、香菜、精酿啤酒、威士忌、培根、香肠肉、山羊奶酪或鳄梨等花哨的其他配料。正宗的一碗红彤彤的得州辣肉酱就应该只有粗切碎的牛肉块、洋葱、牛肉汤、大蒜、孜然，还有各种你觉得最好用的辣椒——无论是一整颗辣椒、切片辣椒、新鲜辣椒、干辣椒，还是辣椒粉。花时间耐心熬煮是烹饪的关键。不要把辣肉酱盖在或藏在意大利面下一起吃。不要盖在米饭上吃。不要和薯条一起吃。不要和那些该死的烤土豆一起吃。你脑子里到底在想什么？烤土豆是用来跟切碎的奶酪、酸奶油以及韭菜搭配的，不是辣椒。一大碗辣肉酱本身就是一顿饭，不需要任何画蛇添足的东西。如果你来自新泽西州或宾夕法尼亚州，你可能会喜欢一种得克萨斯辣味热狗——里面裹着辣肉酱和香肠的面包。如果你是坐在秋天的费城啤酒园里，吃得克萨斯辣味热狗可能是一件美事，但其实热狗是希腊人在第一次世界大战时发明的，而不是得克萨斯的发明。

9
辣椒酱
全世界为之痴迷

从 16 世纪出口到各大洲起，辣椒已在世界范围内取得了史无前例的胜利，成为当之无愧的全球香料。在某些区域，辣椒被视作具有地方特色的传统饮食；在饮食文化较为保守的地区诸如北欧，辣椒又被作为清淡饮食文化的趣味点缀，但不管怎么说，辣椒已经扎根于不同的气候带和地理环境，欣欣然地适应了各地复杂多变的条件，还为自己找到了一群忠实粉丝。这些辣椒拥趸不分老幼，在饮食口味上都大胆且乐于冒险。最终一切的发展表明，至少从文化上来说，辣椒本身已经变成一种模糊了来源的食物，这倒是一个有趣的现象。提到柠檬草，人们往往会想到泰国菜；说到花椒，当然是来自中国南部的省份；提起芥末，会想起日本；而说到研磨成的辣味蛋白粉，也就是咖喱粉，则不可避免会想到印度及其次大陆（巴基斯坦和孟加拉）上的地方菜肴。如

170

171

果说特定香料或是香料的混合调味品，会使人联想到特定的地方美食，那么在提到辣椒时，又能对应世界上哪一个具体国家呢？单就产地来说，它应该属于墨西哥，或者更广泛意义上来说，是中美洲和南美洲的产物，但归根结底，辣椒自身具有一种完全世界性的特质。当欧洲殖民者第一次带着辣椒远洋返航时，他们一定没有想到，自己在不知不觉中埋下了把辣椒种子撒满地球表面的伏笔。

从 19 世纪起，以辣椒为基础的一种专有产品的兴起，推动了辣椒成为全球通用口味的发展趋势。这种专门的辣椒制品就是彼时出现在美国市场上的瓶装辣椒酱，主要用作调味品。瓶装辣椒酱的制法或许可以追溯到 17 世纪英国的一项传统。当时的英国人试图仿制亚洲的液体调味品，不过相比亚洲，英国的仿制版更简陋、低廉。发展到维多利亚时代时，这些仿制的食谱开始变得有模有样起来，成为李派林（Lea&Perrins）的伍斯特辣酱油的原始配方。李派林唸汁是一种棕酱，由大麦麦芽、烈醋、糖蜜、凤尾鱼、罗望子、洋葱、大蒜和香料酿造而成。它可以用来给威尔士干酪加点刺激的提味，或把一枚熟鸡蛋变为"魔鬼蛋"，或者给血腥玛丽鸡尾酒加一点辛辣的后劲。在此之前，来自遥远国度的那些褐色调味汁，不管是酱油、印度尼西亚的鱼露，还是中国广东的鲑汁（kê-chiap）里，采用的发酵原料都因地制宜，选取当地最容易获得的食材酿造。李派林唸汁也不例外。有迹可循的最早关于美国辣椒酱的生产记录，刊登于 1807 年马萨诸塞州的报纸的一则广告中。从广告描述来看，家庭作坊式的辣椒酱，其主要配料可能是卡宴辣椒。目前尚不确定早期的辣椒酱是否特别辛辣，但美国著名食物历史学家查尔斯·佩里认为，那时候的辣椒酱，无论是马萨诸塞州的卡宴辣椒酱，还是其他类似品种的辣椒酱汁，都不会有什么辣味。"第一，马萨诸塞州可是炸鱼饼和新英格兰料理的故乡，这个地区的人对辛香料的畏惧程度就和同时期旧英格兰的那些人一样。""另一个辣酱不会辣的原因推断是，当地人会把醋加进辣椒酱汁里，所以也不用从辣椒里提取太多的辣椒素。准确来说，他们制作的是带有一点辣椒香味的醋。这也许正是马萨诸塞州人想要的风味。"[1]

19 世纪四五十年代，纽约市一个名叫 J. 麦科利克公司（J. McCollick & Co）的生产商开始销售一种名为"鸟椒酱"的产品。这种辣椒酱的原材料可能来自野生的奇特品辣椒（也被称为鸟椒）。"鸟椒酱"的外包装非常华丽，生产出的辣椒酱装在一个个叫作"大教堂"的玻璃瓶子里。麦科利克的辣椒瓶差不多高达 11 英寸。这些高高的玻璃器皿源自哥特复兴时期，之所以称为"大教堂"，是因为在方形窄体瓶子的每个侧面都有一个带尖拱的教堂窗口式的轮廓。

在南北战争之前，瓶装辣椒酱已经成为美国工业体系里的一小部分。1968 年，密苏里河畔打捞出一艘沉没于 1865 年的蒸汽船伯特兰德号（Bertrand）的残骸。在挖掘出的船体残骸里，人们发现了一大堆出人意料的东西。辣酱作家詹妮弗·特雷纳·汤普森（Jennifer Trainer Thompson）的报道里提道："河边一直流传着这艘船里满是威士忌、黄金和水银瓶的民间传说，所以当考古挖掘出的超过 50 万件物品中，有 173 件是来自路易斯安那州西部香料厂的辣椒酱时，工人们无比惊讶。"[2] 有关这些辣椒酱的故事得从 1850 年说起。那时蒙塞尔·怀特（Maunsel White）刚刚来到美国，还是一个身无分文的 13 岁爱尔兰孤儿。后来怀特能成为路易斯安那州立法机构的一员，主要是因为他的工厂生产出了一种广受大众喜爱的辣酱，引起了当地媒体的关注。根据《新奥尔良日报》（New Orleans Daily Delta）的报道，怀特的辣椒原料来自一种名为塔巴斯科的辣椒品种。制作过程是先将辣椒熬煮成糊状，再添加浓醋，就制成了该报所称的风靡全州的"辣酱汁"。这种辣酱辣味十足，少量几滴就能在瞬间唤醒一碗滋味平淡的汤。

怀特故事的有趣之处在于，虽然没有确凿证据，但很有可能他会认识路易斯安那州的另一位大名鼎鼎的居民——埃德蒙·麦基埃尼（Edmund McIlhenny）。麦基埃尼打造出了后来成为世界上最广为人知的辣酱品牌之一。1868 年，麦基埃尼在自家土地里种下了第一株辣椒作物。丰收的果实最后制成了 658 瓶辣椒酱，在第二年以每瓶 1 美元的零售价出售。1870 年，他为自己的辣椒酱申请了品牌专利，"塔巴斯科"由此成了烹饪界的专业词汇。塔巴斯科辣椒得名于墨西哥的一个州，并在该州广泛种植。像怀特一样，麦基埃尼也使用了塔巴斯科这个一年生辣椒品种制作辣椒酱，但他的辣椒酱生产配方明显更加精致。首先，在正式采摘辣椒之前，麦基埃尼会在自己的种植园里走来走去，带着一根在路易斯安那州法语中称为"小巴顿胭脂"（Lepetit bâton rouge）的红色棍子，与枝头的辣椒进行比较。只有辣椒的颜色成熟到与棍子的胭脂红色几乎接近时，挂在枝头的辣椒才可以小心采摘下来。接着，人们将采集的塔巴斯科辣椒研磨成细腻的糊状物，加入盐，装进白色橡木桶中。这些橡木桶是专门从威士忌生产商那里拿来的，装辣椒正好合适。以这样的方式，辣椒糊经历三年的发酵和陈化，之后再过滤掉辣椒籽和果皮，最后加入蒸馏醋。所有一切就绪以后再静置一个月，中途偶尔搅拌一下，就大功告成，可以装瓶出售了。

麦基埃尼原本是一位马里兰州的银行家，1840 年左右举家搬到了新奥尔良。尽管在内战前，他算是金融领域的一位成功人士，但和大多数人一样，战争爆发以后因南部联盟的节节败退遭遇了沉重打击。事业遭受重创，麦基埃尼只好带着一大家子人投奔自己的岳父岳母，住到艾弗里岛上的一个种植园里。他在那里照看花园，也试探性地种植了一小片塔巴斯科辣椒和其他瓜果蔬菜。在战后重建时期，这片塔巴斯科辣椒突然给了他商业灵感——为什么不试着自制些辣椒酱来贩卖呢？最初他的辣椒酱包装瓶是经过改造的香水瓶，后来他与新奥尔良一家专门供应古龙香水瓶的玻璃制品工厂合作，定期从那里采购。直到今天，塔巴斯科辣椒酱的包装仍然延续着 19 世纪 60 年代的风格，与之几乎无异。

如此看来，即使麦基埃尼和怀特先生未曾谋面，前者也受到了后者辣椒酱配方的影响。但塔巴斯科辣椒酱如葡萄酒般精确细致的酿造过程，铸就了它独一无二的品牌价值。作为塔巴斯科辣椒酱的创始人，麦基埃尼写了一本食谱小册子，为这种酱料提供了多种多样的烹饪建议。良苦用心终于让塔巴斯科辣椒酱初战告捷。最后，它作为一种调味品出现在大众餐桌上，并成为美国士兵的配给包（从第二次世界大战开始，一直持续到现在）。就像伍斯特辣酱油一样，塔巴斯科辣椒酱也是调制血腥玛丽鸡尾酒时一种必不可少的原料。与许多后来新出的辣椒酱相比，塔巴斯科辣椒酱的辣度更温和一些。它带点辣味，但不是特别辣，但这种精心磨砺出的平衡感——以及配料里除了辣椒、醋和盐以外没有任何其他成分，正是塔巴斯科辣椒酱在全球取得成功的关键。起初，麦基埃尼打算以家族种植园的名字给这种辣酱产品命名，但他的岳父极力反对，取而代之的是以塔巴斯科这一辣椒品种（也是辣酱的主要原料）为名。这是一次正确的选择。塔巴斯科听起来像是一个辣椒品牌的名字，而小安斯酱则不大像。

　　尽管塔巴斯科辣椒酱成了一个成功且长青的商业品牌，但在麦基埃尼的毕生追求里，这一段无心插柳的偶得似乎不值一提，甚至都没有出现在他的个人自传里。从他的自传来看，勤恳的麦基埃尼明显对他在银行业所取得的成就更津津乐道。话虽如此，19世纪70年代起直至今天，塔巴斯科辣椒酱在商业上的巨大成功还是引来了一众效仿者和致敬者。其中最大胆的效仿者是伯纳德·特拉皮（Bernard Trappey），麦基埃尼的前雇员。19世纪 90 年代，伯纳德自立门户创办的辣椒品牌一炮而红，选用的辣椒品种恰恰来自曾经工作过的艾弗里岛种植园。伯纳德一开始给自己的辣椒酱起名为"特拉皮塔巴斯科辣椒酱"（Trappey's Tabasco Pepper Sauce）。伯纳德有 10 个儿子，众星捧月般地围绕在一个女儿（B. F. Trappey）周围。所以最初的命名主要采用的是家族式的冠名法，并没有要冒充麦基埃尼塔巴斯科辣椒酱的恶意。在伯纳德看来，塔巴斯科本就是一个既定的辣椒品种，而不是某个特定的竞争品牌，这个见解不无道理。1910 年和 1922 年 1、2 月巡回法院的两次法律判决也在事实上支持了他的观点。但麦基埃尼家族坚持上诉，最终成功地推翻了早先的裁定。巡回上诉法院早期的裁判认为，伯纳德的辣椒品牌在诞生之初的 30 年中都有自己稳定的市场，因此该品牌名称中的塔巴斯科关联更多的是塔巴斯科辣椒品种而非某一辣椒品牌。尽管次级关联性的法律原则在美国法律中早已被推翻，但 1922 年在司法判决里还在继续使用。等到了 1926 年麦基埃尼再次提起上诉以后，判决结果有了逆转。特拉皮公司不仅要向麦基埃尼公司提供商标侵权的赔偿，还必须停止损害行为，将自己的品牌改名为"特拉皮路易斯安那辣椒酱"（Trappey's Louisiana Hot Sauce，现在叫 Louisiana-Sauce［路易斯安那风味辣椒酱］，因为它实际是在哥伦比亚生产的。后来还发生了商业史上一次颇具讽刺意味的事件，即塔巴斯科辣酱公司在 20 世纪 90 年代收购了特拉皮的辣椒酱品牌，并在 1998 年再次将其卖给了刚成立不久的新泽西州的一家综合品牌食品公司 B&G（B&G Foods of New Jersey）。

特拉皮辣椒酱的辣度也处在辣酱辣度范围中较为温和的一级，辣度指数比塔巴斯科辣椒酱还要低。特拉皮辣椒酱以醋为基底，但也添加了一些增稠的胶质和红色着色剂。与今天愈演愈烈的逐辣风相比，很多美国早期的辣椒酱辣度相对温和。"弗兰克红辣椒"（Frank RedHot）辣椒酱于 1920 年初次问世，但它的配方经历了很长时间的研究。配方的创立者雅各布·弗兰克（Jacob Frank）在特拉皮辣椒酱刚起步时就开始研制自己的辣椒酱了。1918 年，弗兰克与路易斯安那州新伊比利亚一家辣椒农场的老板亚当·埃斯蒂莱特（Adam Estilette）达成了合作。他们的辣酱配方是陈年的卡宴辣椒与醋的混合液，再加入大蒜和其他香料后封瓶。瓶装出售的弗兰克辣椒酱辣度十分温和，只有 450 SHU。如今这种辣酱的主要产地集中在密苏里州斯普林菲尔德地区。自从 1964 年在纽约州布法罗的船锚烧烤吧里，泰蕾莎·贝利西莫（Teressa Bellissimo）把弗兰克辣椒酱和黄油结合，创造出一种新调料以来，弗兰克辣椒酱就与布法罗辣鸡翅这道菜密不可分了。

至今仍由路易斯安那州的鲍默食品公司生产的"鲍默水晶辣酱"（Baumer's Crystal Hot Sauce），面市时间是 1923 年。这是一种辣度中等的调味酱，由发酵的卡宴辣椒、蒸馏醋和盐制成。1928年，新伊比利亚的布鲁斯家族（Bruce）推出的路易斯安那辣酱（Louisiana Hot Sauce），是第一个在品牌标识中使用了产地名称的辣酱制品。一开始，路易斯安那辣酱的主要消费对象是社区居民，但没过多久就在白热化的辣椒酱市场中找准了自己的营销定位。他们大胆想出"不要太辣，也不要太平淡"（Not too hot, not too mild）的营销口号，意在吸引最广泛人群的注意。同时这种辣椒酱也是将最开始的配方一直延续至今的产品：磨碎的卡宴辣椒粉与醋、盐混合，经由发酵酿造而成。2015年，路易斯安那辣酱卖给了一家总部位于佐治亚州的集团公司，但生产基地仍留在新伊比利亚。而在路易斯安那州的郊外地区，来自北卡罗来纳州的加纳家族（Garner）于1929年创造了他们自己的辣酱品牌，冠名以创始人小儿子的名字（他的名字实际上是哈罗德），叫作"得克萨斯皮特"（Texas Pete）。一开始，这家人只是经营着温斯顿－塞勒姆的一个烧烤摊，烧烤时所用的烧烤酱尤其受食客欢迎。但渐渐地，味蕾已经被层出不穷、更辛辣的辣椒惯坏的顾客提出要求，建议他们使用味道更辣的烧烤酱。就像他们一直以来常挂在嘴边的那句话，顾客永远是对的，他们接纳了顾客的建议，于是加纳家族的得克萨斯皮特辣酱成长为美国又一个辣椒酱畅销品牌，并且直到今天仍以家族企业的形式拥有着自己的辣椒酱品牌。也是从那时起，几乎所有的美国辣椒酱品牌都争相研发更辣的品种，来取代原有的配方，为的是追赶上人们越烧越旺的逐辣热情。

在美国以外，世界其他国家生产的瓶装辣椒酱也数量众多。墨西哥的瓶装辣椒酱产业起步相对较晚，这也很正常，毕竟数世纪以来人们的印象中，在辛香料和萨尔萨辣酱方面，墨西哥人一直保持着自给自足。没有人不知道怎么处理新鲜辣椒，也就不需要购买什么瓶装辣椒酱。除此以外，墨西哥边境以北的战乱让该区危机四伏，能在家自己解决的问题也就没必要为一瓶辣椒酱而冒生命风险。1971 年，一种名为塔帕提奥（Tapatío）的辣椒酱在加利福尼亚州梅伍德首次推出。辣椒酱的创始人是来自哈利斯科州瓜达拉哈拉的墨西哥企业家何塞－路易斯·萨维德拉爵士（Jose-Luis Saavedra Sr.）。萨维德拉给他的辣椒酱起了当地居民众所周知的名字。可以说塔帕提奥辣椒酱开创了墨西哥萨尔萨辣酱的现代口味。如今该辣椒酱主要生产地位于加利福尼亚州的弗农地区。辣椒酱瓶上印着的徽标，是一个穿着紧身衣的墨西哥艺人，在货架上一众的美国和中美洲辣椒品牌中相当具有辨识度。

与之相比，由一家瓜达拉哈拉公司萨尔萨·塔马祖拉（Salsa Tazula）于 1954 年创建的瓦伦蒂娜（Valentina）是一个土生土长的墨西哥品牌。它的原材料是一种名为普雅（puya）的辣椒品种，这个品种主要生长地在墨西哥哈利斯科。瓦伦蒂娜辣椒酱质地黏稠，很适合浇淋在食物表面点缀提味。1991 年，一个名叫娇露辣（Cholula）的辣酱品牌获得了豪帅快活（José Cuervo）龙舌兰酒制造商的许可，开始按照一个传统配方进行小规模生产。在 20 世纪的大部分时间里，该辣酱都作为龙舌兰酒的搭配饮品桑格里塔（Sangrita）——一种掺有辣椒的石榴和柑橘饮料——的原料而存在。而 Cholula 这个名字原意是墨西哥一座最古老的城市，该城市始于公元前 500 年左右的两个小村庄，自古以来一直有人居住。不过辣椒酱的真正生产地在哈利斯科州的查帕拉。成品酱汁装在一个有着传统原木盖的瓶子里，瓶身上印着一位迷人的白衣女士，站在标签上的拱形石制厨房门前。

　　加勒比海地区长久以来一直是辣椒酱爱好者们的寻欢地。从一个岛屿到另一个岛屿，每个岛屿的市场上都能看到家庭作坊式的瓶装辣酱出售。这些辣椒酱都有各家的独门绝技，配方常常严格保密。个体制作的辣椒酱带有一股更生动的气质，比许多商业生产的大品牌更具冒险精神，加上加勒比地区本就是地球上一些顶级辣椒品种的原产地，所以这里的辣椒酱有可能会给你带来一种爆炸性的体验。和北美辣椒酱一样，加勒比地区的许多辣椒酱都以醋为调味基底，但芥末在其中也有至关重要的作用，给辣椒的辣度增加了风味层次。莫鲁加毒蝎辣椒（得名于其蜷曲的尾部）堪称世界几大最辣辣椒品种之一，在这里常用作特立尼达和多巴哥辣椒酱的原料，为诸如卡拉萝（callaloo）这样的传统菜肴增添一种火辣辣的滋味。卡拉萝是一种由芋叶、秋葵、大蒜和椰奶烹饪成的质地稠厚的绿色炖菜，常与鱼或肉一起食用，烹饪方式多样。另有一种名为"马图克的特立尼达毒蝎辣椒酱"（Matouk's Trinidad Scorpion Pepper Sauce）的专门品牌，生产地位于特立尼达，生产原料采用陈年的莫鲁加毒蝎辣椒和苏格兰帽辣椒，最终成品质地稠厚，带有西印度群岛草药的芳香。在北部的某些地方辣度可达 100 万 SHU。

牙买加的特产是果味辣酱。在牙买加，芒果、菠萝、罗望子和木瓜经常和苏格兰帽辣椒以及醋混合在一起。这样的混合物光是颜色就让人炫目，红色的基底色铺天盖地，而橙色、黄色和绿色的汁液与其热情相拥，盘旋共舞。创建于 1921 年的皮卡佩帕（Pickapeppa）辣酱，生产地位于曼德维尔附近的射手山（Shooter's Hill）地区。这是一种辣度温和的调味品，传统配方里，番茄、辣椒与奶油奶酪混合，可以涂抹在饼干上食用。它也有自己的水果风味产品，比如芒果味、罗望子味、葡萄干味，等等。为了给消费者带来更灼热的口感体验，该公司还生产了皮卡佩帕热红辣椒酱（Pickapeppa Hot Pepper Sauce）产品，以苏格兰帽辣椒和适量的糖作为基础原料，最终呈现出炙热的辣椒风味。

巴彦辣椒酱（Bajan）通常情况下也是由巴巴多斯的帽子辣椒、醋和芥末制成，可以作为肉、鱼和蔬菜等各种菜肴的调味品。"洛蒂巴巴多斯辣椒酱"（Lottie's Barbados Hot Pepper Sauce）以帽子辣椒为基础，加入洋葱、大蒜，并带有一丝芥末风味。圣基茨人最引以为自豪的辣椒酱是"格兰夫人辣椒酱"（Mrs. Greaux Hot Pepper Sauce），这是一种用咖喱叶调味的辛辣的红色复合酱汁。而该联邦里的另一个岛屿尼维斯*恰恰是卢埃林（Llewellyn's）辣酱的故乡。卢埃林辣酱是由苏格兰帽辣椒与加勒比百里香结合起来而制成的一种类似于英国曼彻斯特移民的那种芳香药水的酱汁。埃瑞卡（Erica's）是格林纳丁斯历史最悠久的辣椒酱品牌之一，生产地位于圣文森特的金斯敦，原料采用当地种植的哈瓦那辣椒。在英属维尔京群岛的其他地方，比如托托拉岛，岛上生产的加勒比辣椒酱（Caribbee Hot Sauce）的瓶身上配有一顶欢快的柳条"帽子"，有红色（代表辣椒）和黄色（基于芥末）两种颜色。在美属维尔京群岛的圣克罗伊岛上，"安娜小姐辣酱"（Miss Anna's）的配方已经有上百年的历史，大致原料包括哈瓦那辣椒、芥末、咖喱叶以及当地一些其他香料。而海地的特色辣酱蒂马利切（Sos [Sauce] Ti-Malice），每个人都有自己喜欢的配方。这种辣椒酱通常用哈瓦那辣椒加洋葱和大蒜制成，有时还会加一些柠檬汁或者番茄酱。有时为了提色，还会加一点甜椒，制成的酱汁最终可以为烤鱼或肉类调味。传说这种辣酱的发明起源于一位主人的私家食谱。他把辣酱加进菜里，试图阻止一位贪婪的客人吃得太多。这个把戏适得其反，刺激的味道只会让一切变得更加美味。

或许没有任何知名辣酱品牌能像汇丰的是拉差香甜辣椒酱（Huy Fong Sriracha）这样，有力证明了辣椒及其传统辣酱制品

---

* 圣基茨和尼维斯联邦 The Federation of Saint Kitts and Nevis，简称"圣基茨和尼维斯"——译注

不受国界的制约。这种带有亚洲风味的辣椒蘸酱，瓶身上有极具辨识度的绿色瓶盖，在加利福尼亚州罗斯米德地区的一家公司大量生产。该公司由一位名叫陈德（David Tran）的越南难民于1980年初创立。陈在逃离越南后，乘坐一艘在巴拿马注册的中国台湾货轮抵达美国，并获得了美国的政治庇护。公司取名"汇丰"，正是来自陈曾经搭乘过的那艘船的名字。一上岸，他顾不上喘气，就马不停蹄地开始了自己的辣酱生意。他开着一辆两侧画有公鸡标志（在中国的农历里，这是陈的属相）的雪佛兰面包车，装载着他的第一批辣椒酱产品运往洛杉矶和圣迭戈的亚洲市场和餐厅。陈的辣椒酱产品线很广，但真正在市场上火爆的，是用新鲜的墨西哥辣椒制成的是拉差香甜辣椒酱。是拉差香甜辣椒酱是一种中等辣度的调味品，酱料风味里杂糅了迷人的甜味和辛辣的刺激。它成为亚洲和世界各地厨房、餐厅的调味品，甚至供应给美国宇航局（NASA）的国际空间站。对于起步于1975年，发明于越南一个非常简陋的家庭厨房的产品来说，这是一项相当了不起的成就。

从酱汁和调味品的主要担当出发，辣椒扮演的角色日渐广泛，已经扩展成为许多食品和饮料中的一种原料或调味元素。辣椒巧克力在最近几年特别受人欢迎，而将辣椒和巧克力这两种原料搭配在一起的做法本身也有着纯正的历史渊源。巧克力和辣椒，都起源于同一原产地。辣椒与可可值高达70%的优质巧克力相结合，以优雅的姿态融入其奢华的丝绸口感之中，为可可的丰富滋味增添了一丝强劲的余味。借着辣椒这股热潮，墨西哥著名咖啡利口酒卡劳亚（Kahlúa）如今有了辣椒巧克力版本；而辣椒啤酒（当然还有辣椒巧克力啤酒）在众多品牌的五香朗姆酒中脱颖而出，赢得了烈酒架上的一席之地。英国南部海岸怀特岛上的辣椒之家（House Of Chilli）和总部位于华盛顿州西部奥林匹克半岛的芬尼河苹果酒公司（Finnriver Cider Company）都在酿制辣椒苹果酒。一点哈瓦那辣椒，加上产自当地的苹果，就酿造成了半是果香甜蜜半是辛辣刺激的烈性啤酒。

看来，辣椒已经把它的火辣借给了几乎任何可以入口的东西。但这一切的背后原因又是什么呢？

10

味觉与触觉
辣椒对我们做了什么

历史上没有哪种天然植物食材能像辣椒这样，经历了如此漫长又丰富多彩的旅程。如今的辣椒，早已从原产地人们的营养主食，发展成为一种全球饮食时尚，并抽象为张扬自我的文化象征。在这一过程中，辣椒最引人注目的特质——激烈的灼热感，逐渐成了一场味觉冒险所必须接受的挑战。与其他香料或调味品不同，辣椒的加入不是简单地为原来的菜肴增加衬托或锦上添花，而是完全按照自己的特质将菜品的味道进行了一番重塑。这也是为什么至少在西方的菜肴中，辣椒的使用带有明确的目的性。从另一层意义上说，如果一个人偏好浓烈口味的菜式，那么加入辣椒的辛辣佳肴就是对其诉求的最好回应。辣椒那种气势汹汹席卷口腔的刺激，以及食用之后挥之不去的余味极具吸引力，以至于人们忍不住会在烹饪时将辣椒尽情挥洒。如果厌倦了口味平淡的菜肴，辣椒无疑是重燃味觉激情的最高效的调味品。在世界上的其他地区，特别是印度和东南亚的烹饪中，人们把辣椒和其他调味品巧妙融合、精心改良，创造出了千变万化又引人入胜的新式料理，而其中辣椒带来的额外元素无疑增添了这些美食的风味层次。

也许除了糖，流传在世界各地的其他调料都难以与辣椒匹敌，无法像辣椒一样在各式料理以及应用中都应对自如。而这一切都可以归功于辣椒的特性——辣椒加入食物后，调动品尝者的不仅有味觉，还有味觉之上的一种触觉，背后的原理是因为辣椒自带的化学物质。当然，所有食物在被我们放进嘴里时，都会调动我们的触觉，然而食物一旦被吞下，舌头上大部分的触觉就随之消失。但是辣椒不一样，即使在食用过后的很长一段时间内，辣椒的作用仍然停留在舌头上。这是因为辣椒中的活性成分——辣椒素以及辣椒中的其他类似化合物的综合作用，刺激到我们敏感的皮肤，尤其是我们没有保护的口腔黏膜。辣椒激活传导人体对热和痛的感受器后，对机体的影响就超出了享受食物所涉及的两种感官——嗅觉和味觉。当然辣椒不是唯一一种有"化学作用"的食物。切洋葱、青葱时感到刺痛和流泪的眼睛，闻到芥末、辣根和山葵而引发的鼻子刺痛，以及草药薄荷给身体留下的清凉舒适感都是同理。如我们在本书第一部分所提到的，以上这些作用都超出了食物的范畴。正如薄荷醇被加入止痛膏，帮助缓解肌肉疼痛，所以也不难理解为什么辣椒素会被添加到消炎软膏中，因其能刺激内啡肽反应从而舒缓肌肤。但若论能给腭部带来强烈持久的刺激体验，这些食物中没有哪一个能与辣椒的威力相提并论。

辣椒除了可以在烹饪中大显神通，还能有烹饪之外的神奇效果。它能让味觉细胞活跃起来（或者被折腾得精疲力竭）。如果吃下一些食物能让人得到满足感，那么吃下辣椒则会让食用者的神经保持在高度警觉和振奋状态，而这一系列反应带来的益处多多，第一个最重要的益处就是，辣椒让食物变得更有吸引力。无论之前吃过多少次，每一次辣椒入口，都能给味觉带来新的震撼，特别是一道辣菜的头两口。再加上辣椒价格相对便宜，作为日常生活的一种理想调料再适合不过。所以在大多数人日复一日的单调食物种类的消费下，只有辣椒能点亮那些庸常的饮食生活。以一碗中国的米粥为例，本来只是容易消化的早餐，或者病人的病号饭，或者是资源匮乏年代的清汤寡水，但粥所代表的一切在以辣椒作为小菜以后就完全不一样了。一碗平淡无奇的粥突然变身能颠覆味觉又极具诱惑的挑战，给睡眼惺忪的清晨注入一针兴奋剂。对于那些习惯了西餐的人来说，中国西藏地区的烹饪方法可能最会让他们感到沮丧和无所适从。不管是西藏的糌粑、裹上青稞粉和牦牛油的牛颈肉，还是羊头和羊肺的一锅慢炖，所有这些帮助藏民熬过高纬度地区残酷冬天的食物，如果没有当地一种叫作索多西辣椒酱的参与，都将变得寡然无味。西藏地区饮食调味里没有其他调料带来的谷氨酸钠和谷氨酸盐，好在

188

辣椒及时填补了空白。同样，那些崇尚清淡饮食的社会文化往往将辣椒视为引燃火暴脾气的罪魁祸首，或是激发肉欲的催情剂。他们小心翼翼地与辣椒保持距离，最多只让它以最不起眼的方式低调进入厨房。如果说之后这些地方生产的一些辣椒酱似乎对今天的烹饪没有带来什么热辣的冲击，那是因为最初——准确来说是19世纪中后期的西方世界认为辣椒的辛辣有必要驯化到温和的程度，才能在倡导自我节制的晚期清教主义文化中站稳脚跟。

辣椒益处的第二点是，可以帮助身体应对不同的气候环境。在寒冷的天气里，这一点的作用可能更加明显。当一碗火辣的辣肉酱或辛辣咖喱肉下肚后，能迅速让冻僵的身体重启。不过对于来自北方的辣椒食用者来说，可能不太理解，为什么辣椒能驱寒的同时也可以在酷热中给身体降温。辣椒会欺骗身体——接触到辣椒的身体会以为自己被烧伤了，从而促进身体释放出一系列交感反应，比如血管扩张，或者最有效的方式——排汗。也就是说，摄入辛辣食物会让皮肤产生排汗反应，而由此产生的汗液在蒸发时会使身体逐渐降温。只需细想一下辣椒的自然起源地位于赤道附近的南美洲和墨西哥的热带地区这些地球上最热的地方，就不难理解为什么世界各地处于相同气候带的国家会不约而同地热情接纳了辣椒。

吃辣的第三点益处是，现已证明辣椒能够调节情绪。就像如今众所周知的巧克力里的可可碱和咖啡因所起的作用一样，

189

辣椒也有类似的功效。吃下辣椒时，大脑神经误以为自己遭到攻击时所释放的内啡肽类似于化学止痛剂，具有改变情绪的功能。它们会刺激神经传递产生多巴胺，而多巴胺是保持精神愉快状态的一剂强心针，缺乏多巴胺会导致许多内源性抑郁疾病的发生。当然，相比其他触发多巴胺的因素，辣椒的影响作用微小且短暂（正如某位在线论坛的发言者所说，有关辣椒能够带来"快感"的吹捧实在有点过头，跟他从前使用可卡因所得到的体验感相比简直不值一提）。但辣椒的情绪调节作用或多或少仍然值得肯定，基于这点也就不难理解为什么辣椒会受到如此珍视。即使人类进入全球化的时代，身处水深火热中的贫困人群仍占据世界人口的大多数——而拥有辣椒这种价格低廉又益处良多的食物，能让世界看起来好一点。

从饮食营养学的角度来说，吃辣也是一件大有裨益的事情。辛辣香料接触到人体内部组织时能促进唾液和胃液的分泌，而以上两种物质都有助于消化。除此以外，食品科学研究人员帕梅拉·道尔顿（Pamela Dalton）和纳迪亚·伯恩斯（Nadia Byrnes）报告说："研究表明，一些辛辣香料（如生姜、胡椒、辣椒）能够促进人体内胆汁的流动，从而促进脂肪的消化和吸收，防止多余脂肪在体内堆积。"[1]心理学家保罗·罗津（Paul Rozin）认为，增强消化能力显然对以谷物为主食的饮食人群是一件好事。"辣椒素的刺激作用能够显著改善这些社会文化下味道平淡、高碳水化合物的饮食特点。当然，咀嚼干燥的粉末状食物需要大量的唾液分泌，而辣椒恰恰在刺激唾液分泌上卓有成效。"[2] 换句话说，辣椒不仅自身营养丰富，而且在刺激口腔唾液分泌和消化系统运行、促进营养吸收方面也有上佳表现。

那么，人们对火辣辣的辣椒又是怎样一步步从适应到依恋的呢？从味觉上讲，这是一段从天真到成熟的旅程。不是每个人都会经历这整个过程，那些亲身经历过的人也不是人们所认为的那样，必须是具有强大内心和味觉迟钝的人。罗津对这个过程进行解释："在动物的中枢神经信号输入机制里，一些最开始被判断为消极和痛苦的感受，在经过一段时间，往往是数月或者数年以后，会转变为一种令人愉悦的体验。某些刺激带来的反应从一开始的抗拒逐渐开始变为吸引力。"[3] 青少年时期是人类走向成熟最重要的过渡阶段，但对辣椒辣味适应性的获得过程也不一定只局限在这一时期。墨西哥的儿童们常在 4 岁到 7 岁之间就对辣椒产生了口味上的适应和爱好，因为他们会看到家族成员中年长的孩子们喜欢吃辣椒，从而在模仿下逐渐适应。在以辣椒菜肴著称的南亚地区也有同样的情况。这种机制称为享乐逆转（hedonic reversal）。在享乐逆转机制中，最初的痛苦慢慢转化为快乐的来源，作用机制有些类似人体对烟草或阿片类药物从抗拒到上瘾。不过回到辣椒本身来说，相比其他上瘾物，辣椒所产生的亲和力可以说是最生动也最温和的。在家庭成员和社会同龄人的陪伴和影响下，个体顺利启动了对辣椒的探索之旅，创造出一种特别凝心聚力的群体饮食身份认同。如果被糖类和反式脂肪食物包围的西方儿童，能有机会在人生中更早一些接触到辣椒的话，或许他们的社交能力和情感发育成熟度都会得到大大改善。

如果享乐逆转机制是从痛苦到快乐的转换，那么还存在另一种情况，去享受还未转化的痛苦，罗津称之为"良性受虐"（benign masochism）。主题公园的过山车或许非常可怕，但其中的乐趣是体验者们心里清楚，除非发生一些极端的意外，正常情况下这些惊险刺激的俯冲不会造成任何人身伤害。相比之下，俄罗斯版的轮盘游戏，枪膛的每一次旋转都可能会把你的脑袋打爆。这就不是很愉快了。控制感是产生愉悦的关键。基于这种情况，罗津指出："辣椒爱好者声称的他们最喜爱的那个辣度往往仅比他们生理极限能忍受的辣度低一个级别。"[4] 这种心理的产生机制甚至更加复杂，但毫无疑问也在纯粹的快乐和十足的痛苦之间游走。在由定义所划下的边界线两侧，它们像镜子的两面一样共生，从某种意义上来说，一方的缺席就会打破共生的平衡，由此也抹去了另一方的存在。因此，痛苦与快乐之间的相互依存关系，创造出了"苦中作乐"的通道。有意识地去吃苦构成了主观个体看似荒谬的追求。我希望这一切发生。这一定会很刺激。在苦、乐之间产生的碰撞和融合，印证了超级辣椒爱好者在追求热辣刺激的过程中所经历的轨迹。罗津认为："享受辣椒辣度的极限总会伴随一定程度的灼烧感，超过这一程度，个体会感到非常不适从而产生厌恶。""一开始，人们往往追求越来越辣，但逐渐开始趋向平稳。"[5] 对那些执着追求辣味刺激的人来说，"良性受虐"看起来倒是一个快速的治疗方案。作为食物，辣椒的语境里包含了一些厨房生活之外的故事。对辣椒的生理和情感迷恋，可以看作人类区别于其他动物的特点之一。

*   *   *

有关以上思考，我们可以在第三部分起，仔细思考辣椒在如今后现代世界中的文化意义和心理意义。显然，发达的工业化社会中，辣椒已不仅是人们的一种口味偏好，而且也是一种自我定义的工具，并且这种自我标榜还常常带有咄咄逼人的竞争意味。如果 19 世纪法国美食大师让－安泰尔姆·布里亚－萨瓦兰（Jean-Anthelme Brillat-Savarin）的金句——"食物塑造了我们"（we are what we eat）所言非虚，那么就我们 21 世纪初的人来说，对超级辛辣食物的热爱又在说明什么呢？

第三部分

文化

11

魔鬼的晚餐
发现辣椒的黑暗面

自古就不乏慧眼识珠之人，将辛辣食物所代表的文化与恶作剧、魔鬼、恶人以及不法之徒之类的联系起来。如果魔鬼也会每晚回到他地狱的家中坐下享用晚餐，那么摆在他面前的毫无疑问会是一盘生辣椒。辣椒不仅适合魔鬼暴躁的脾气和离经叛道的性格，而且拿来投喂给被打入地狱的囚徒也再合适不过。辣椒的灼热犹如熊熊燃烧的地狱之火，将他们置于永久的折磨之中。由此看来，被打入地狱的人们与其在炼狱中苦求一滴水，还不如祈祷天降一点儿牛奶或者酸奶什么的。

在世界诸多文化中，邪恶的象征都与辣椒如影随形。英语国家的厨师很早就喜欢把加了辣椒的食物起诸如魔鬼蛋、魔鬼火腿，以及之后发展出来的魔鬼鲱鱼之类的名字。与"魔鬼"有关的食物在欧洲大陆的一些语言中也有对应，如 au diable, al diablo, al diavolo，等等。几乎与塔巴斯科辣椒酱同时诞生的安德伍德魔鬼火腿酱（Underwood Deviled Ham Spread），品牌标志就是一个手握干草叉的红色小恶魔，尽管如今印在瓶身上的是一个友好咧嘴微笑的小魔鬼，而不是标识更新之前那个长指甲如钉耙般锋利，尾巴在身后晃动的红色魔鬼。"Deviling"（魔鬼）一词甚至是一类菜肴的专属术语，其用法最早可以追溯至 18 世纪末。"魔鬼"菜的特质，用《牛津食物大全》（*Oxford Companion to Food*）一书中的解说就是"尝起来有如地狱魔鬼和炼狱之焰"[1]。法国大厨亚历克西·索耶尔（Alexis Soyer）19 世纪 50 年代发明的"魔鬼"食谱，就是由红辣椒粉、黑胡椒、辣根、芥末等集合而成，还加了些苹果醋，也就是说，任何能让味蕾嘶嘶灼烧的调味品都被拿来加入这道菜中。在意大利烹饪术语中，魔鬼菜（al diavolo）既能指辣椒、胡椒等辛香料和醋，也常用来指代在明火或热碳上烧烤的肉质食物——或许在他们看来，滋滋烧烤的肉类会让人想起可怕的地狱之火。

到了 19 世纪，辣椒的魔鬼形象已经完全渗入英国文化，这种趋势从作家查尔斯·狄更斯笔下关于"米考伯先生"的一段描写中就可见一斑。米考伯先生为了振奋大卫·科波菲尔的精神，为其准备了一道即兴晚餐，食材是烤架上半熟的羊肉。米考伯先生还为这道菜加了一句颇有哲学意味的推荐语："恕我直言，其他任何食物、任何烹饪方式的味道，都比不过这道'魔鬼的晚餐'。"

一边说，他还一边继续给羊肉片抹上混合了胡椒、芥末、盐和辣椒的酱料；而米考伯夫人则在一旁，用一只小煮锅热着番茄蘑菇汤。米考伯先生的菜谱奏效了。此前一直深陷焦虑失神中的大卫，在吃下"魔鬼菜"后坦言承认"自己的食欲奇迹般地回来了"。[2]

尽管过去的一个世纪里，"魔鬼菜"逐渐失去了追随者，但在它风头正劲那会儿，也曾享受过世人瞩目，甚至由此迎来有关它的各种激烈论战。一位笔名埃内斯·斯威特兰·达拉斯（Eneas Sweetland Dallas）的苏格兰作家曾于 1877 年出版了一本《凯特纳美食：烹饪手册》（*Kettner's Book of the Table, a Manual of Cookery*），书中就曾恳请大众，面对这场"魔鬼菜"热潮时，理性对待、有所克制：

> 所有的魔鬼菜都回避不了一个致命的问题，它是一道没有底线的菜。不存在什么口味温和的魔鬼菜，因为从语言角度来看这会自相矛盾。但既然可以肯定"魔鬼菜"的口感无法温和，那就意味着这道菜的风味会对味觉造成强烈冲击，所以说"魔鬼菜"在烹饪界也不应该占有一席之地。烹饪的奥义是诱发你的味觉，而不是将其尽数毁灭。[3]

达拉斯只能勉强接受两种"魔鬼菜"，干拌的和含有汤料的，后一种的典型代表当属一道以鸟肉为食材的法国菜。法国的传统宴会桌上，猎来的野鸟肉与鸟内脏一起置于酒精灯上烤制，外层涂抹上芥末和代表高雅食物的香料。火光伴随美食在用餐者眼前交相辉映，倒映在他们心满意足的眼中。以一个见多识广的美食家不太情愿的口气，达拉斯接着给出了法国魔鬼辣酱的简要菜谱，还不忘加上一段事先"警告"："在法国厨师的脑子里，魔鬼菜里如果真有魔鬼的话，那么他的魔鬼一定会对小葱怀着万般热情。"接着他罗列的配方里就提到了切碎的香葱、香草，以及"越多越好的辣椒"。据推测，菜谱里的辣椒可能是红辣椒粉，在经过与褐酱（又名西班牙酱）、红酒一起慢炖后以滤布过滤成汁。末尾，达拉斯还不忘放出狠话提醒读者，这道菜"绝对会取悦法国的所有魔鬼"[4]。然而，菜谱在今天听起来好像并不怎么辛辣。

维多利亚时代的人们所能想到的一顿文明早餐，必然少不了魔鬼羊腰（香料烤羊腰）这道标配。都柏林流行小说家查尔斯·利弗（Charles Lever）所写的故事里就淋漓尽致地体现了这一点。在他名为《查尔斯·奥马利：爱尔兰龙骑兵》（*Charles O'Malley, the Irish Dragoon*, 1841）的书中，主人公面对一份丰盛早餐——"羊肉、松饼、茶壶、鲑鱼和香料烤羊腰"[5]徐徐铺开时，眼前一亮。这种对"烤羊腰"的巨大热情算得上是一种痴迷——不是来自食物上的美学价值，而仅仅因为其浓烈的味道能直击味蕾。也正因为这一点，利弗被另一位作家埃德加·爱伦·坡嘲讽道："作者反复提及'魔鬼羊腰'时所表现出的固执与难以自持无须赘述……纵观他笔下的奥马利先生波澜起伏的一生，只要有机会将两三人聚齐用餐，绝对少不了安排一场桌上摆满酒水、外加一盘'魔鬼羊腰'的宴会。"[6]同样的一幕还发生在安东尼·特罗洛普（Anthony Trolope）笔下的《巴塞特郡纪事》（*The Warden*，1855）中。管家格兰特利心满意足地凝视着自己的早餐，桌上玉盘珍馐琳琅满目，饕餮盛宴中就有"一道魔鬼羊腰，在注入了热水的碟子上滋滋散发着香气，似乎是不经意地摆在身份尊贵的管家本人的盘子附近"[7]。由此可见魔鬼羊腰何其受欢迎。关于这道菜还有一些其他花边信息。比如说，羊腰食材本身的口味就已经够浓烈、口感够紧致，以至于在批评者看来，再加上辛辣调味品似乎有点画蛇添足。尤其是早餐时就吃魔鬼羊腰，就如同一大早就开始享用本该是晚餐时的芝士龙虾一样夸张。到了爱德华七世时，魔鬼羊腰这道菜已经成为代表绅士身份的食物。在他们的早餐桌上，魔鬼羊腰躺在加热锅里冒着热气。早餐者一边享用，一边匆匆翻阅《泰晤士报》。而习惯了印度口味的老饕则可能会要求撒上味道更强的咖喱粉来代替传统的芥末和红辣椒粉。

16世纪辣椒之旅将近尾声时，基督教中有关辣椒与魔鬼的联系伴随着西方殖民活动传播到世界其他地区。新加坡和马六甲（马六甲现在属于马来西亚）地区的克里斯坦（Kristang）传统菜肴的烹饪方式就是取东西之长，兼具东南亚和葡萄牙饮食的特色。其中一道菜名为 nari ayam，意为"魔鬼咖喱"，是一种火辣

201

的节日菜肴，做法类似于果阿的咖喱肉——鸡肉、土豆和石栗加入芥菜籽和醋烹调，再佐以红辣椒、高良姜、柠檬草、生姜、大蒜和姜黄制成的香料酱。斯里兰卡的餐馆常常售卖一种"魔鬼鸡肉"菜，做法简单来说就是辣椒面糊裹鸡肉炸制，配以番茄酱、辣椒粉、酱油和洋葱，最后再加上整颗的辣椒、大蒜和生姜。

西非海岸佛得角的饮食文化中，也能发现葡萄牙菜的重要影响。比如当地一种美味的玉米粉团，内馅通常以金枪鱼肉和番茄填充，就是因为加入了红辣椒的调味，就被人叫作"魔鬼油酥糕"（Pastel com o diabo dentro）。就算回到辣椒的原产地，即使辣椒在当地菜肴中无处不在，某些菜肴的命名仍然可见欧洲"魔鬼"印象的那一套。例如墨西哥的一道炸虾，因为配料是由番茄、洋葱、大蒜和辣椒混合成的辣酱，因此称为"魔鬼虾"（camarones a la diabla）。

与将辣椒妖魔化恰恰相反的是，在古代流行的有关辣椒的传说中，辣椒因其灼热的内力，常被人们视作抵挡恶灵和厄运的护身符。在墨西哥的普韦布洛，你会见到土坯屋檐下成串的干辣椒晾成一排的壮观景象。悬挂辣椒串不仅可以延长辣椒自身的保存期，还能为屋檐下的居住者提供庇护、阻挡来自外界的邪恶意图。比悬挂辣椒串更有效的避邪方法是燃烧辣椒，这一点凡是喜欢用辣椒炒菜的人都深有体会。热锅之上，辣椒产生的辛辣烟气，会一波波侵入掌勺人的喉咙，周遭的人也不能幸免，跟着涕泪横流、咳嗽不止。虽然不同品种的辣椒辣度各有差异，但都具有通便驱邪的功效。这样看来，辣椒何止不应被当作魔鬼的晚餐，反而更应该是人类对抗他的武器之一。时至今日，墨西哥人房屋的前檐还常悬挂着一堆干辣椒，以及一只柠檬，意在祈福平安。除此以外，印度人汽车的挡泥板上也常见悬挂的辣椒，意思也是保护司机一路平安。

意大利流传着一个古老的传统，人们会佩戴一种称为 corno 或 cornicello（小角）的护身符，来对抗邪恶。这一传统很可能起源于希腊神话中的月亮女神塞勒涅，角状的护身符即是女神额头上新月印记的变形。佩戴小角项链最早是男性间流行的习俗，佩戴者意在保护自己的阳刚之气不受邪恶之眼（*Malocchio*）的攻击，典型的一种即是其他男人对妻子有所图谋的贪婪眼神。在异教徒的民间传说中，邪恶之眼来自见不得别人好的嫉妒者私底下的报复，表现为一种藏于暗中、心怀诅咒的尖刻眼神，会给被凝视者带来不幸。而凭借自身的能量和能量传递，小角能保护它的佩戴者免受"邪恶之眼"的攻击。小角可以用贵金属、陶器，或骨头制成，最典型的材质是一种红珊瑚。红珊瑚材质的小角外形看起来着实微妙，像一只红辣椒。这样的相似也暗示了两种神话彼此之间的交叉、渗透。在意大利南部，特别是卡拉布里亚地区的人们甚至认为辣椒可能才是小角的最初形式，这就把欧洲有关角的古老传统奇妙地与更古老的中美洲辣椒在避邪方面的功效传说联系了起来。

令人惊讶的是，到了近期，辣椒品种命名里"魔鬼"文化的影响力逐渐式微。以下列举一些为数不多的名带"魔鬼"的辣椒，例如"魔鬼的舌头"（Devil's Tongue）。"魔鬼的舌头"属于黄灯笼辣椒，是差不多 20 世纪 90 年代，美国宾夕法尼亚州的阿米什种植园里自行变异生长出来的一个品种。早期的"魔鬼的舌头"是一种果皮略有褶皱的黄色辣椒，看上去很像非洲南部法塔利辣椒的缩小版。但在之后的培育过程中，"魔鬼的舌头"逐渐变成一种味道更辛辣的红色辣椒，形状就像一个立体的舌头，中部凹陷，"舌尖"挑衅地挑起。在意大利南部，一年生辣椒种类下有一个叫作（Satana）的辣椒品种，在英语里又被称为"撒旦之吻"（Satan's Kiss）。这是一种樱桃状的红辣椒，果实多产。这种辣椒在当地备受欢迎，最常见的做法是用捣碎的凤尾鱼和马苏里拉干酪填馅，然后烧烤。尽管名字听起来让人紧张，但相比"魔鬼的舌头"，"撒旦之吻"的辣度较为温和，算是中等辣度。加勒比的红色哈瓦那辣椒是黄灯笼辣椒种类下的又一个品种，它还有一个名字是"路西法之梦"（Lucifer's Dream），不过同样被叫作"路西法之梦"的，还有一年生辣椒种类下一种辣度温和的橙红色辣椒品种。"魔鬼红"（Demon Red）和芥黄色的"魔鬼酿造"（Devil's Brew）辣椒，都是外形细长的一年生辣椒，结出的果实丰满又辛辣无比。除此以外，从葡萄牙引入非洲以后就迅速传开的皮里皮里辣椒（或叫派里派里，鸟眼辣椒），也有着跟魔鬼相关的名字，即"非洲魔鬼"或"红魔鬼"辣椒。

现代辣椒制品种类繁多——酱料、调味品、酸辣酱、调味汁、沙司和提取物，凡此种种，商品名称都与"魔鬼"脱离不了干系，数量多到简直可以组成一个"魔鬼军团"。让我们快速感受一下市场里这股因辣椒掀起的魔鬼之风，以下列举、排名不分先后：撒旦之血（Satan's Blood）、撒旦之汗（Satan's Sweat）、撒旦的口水（Satan's Spit）、撒旦的愤怒（Satan's Shit）、撒旦的后裔（Satan's Spawn）、撒旦的复仇（Satan's Revenge）、圣路西法（Saint Lucifer）、辣椒魔鬼（Chili Devil）、魔鬼的辣椒（Devil's Chilli）、辣椒的疯狂（Devil's Delirium）、红魔鬼（Red Devil）、魔鬼之碎（Devilspit）、魔鬼炸药（Devil's Dynamite）、拥吻魔鬼（Kiss the Devil）、邪恶之魂（The Evil One）、地狱之火（Hell Fire）、地狱复活（Hell Raiser）、地狱释放（Hell Unleashed），诸如此类。围绕着恶行、诅咒、亵渎的主题，从名字上看有一些产品好像会要你的命，毒害你，让你腹泻，肠胃痉挛，让你呕吐，让你在上厕所时灼热难耐、生不如死，让你泪如雨下，让你非常受伤，让你毫无招架之力只有屈服投降。表达提示警告意思的 F 开头的单词也常见诸瓶身标签，就像一个个炸弹。"Holy Fuck"，一个商品标签先代表你感慨一番。有一种叫 One Fuckin'Drop 的辣酱，意思是"太辣了"，一次最多只能加一滴。"最辣辣酱"（Hottest Fuckin'Sauce）可能是你尝过的最辣酱汁，直到另一种更辣的辣汁上架将其取代。类似辣椒酱瓶身上"Man the Fuck Up!""超辣卡罗来纳死神酱汁"

（Ultra Mega Hot Carolina Reaper Puree）这种怒气值爆棚的商标名称不由让你为自己捏把汗，不确定自己是否准备好去承接未知的"拷打"，不过在我还没有想明白之前，我的手里已经多了一把撬罐子的刀，准备开罐以后大吃一番了。从另一方面来说，如果地狱可以看作对人类身体和精神双重侵蚀的所在，我们在辣椒制品的命名上也差不多达到了同等造诣——取名"酸雨"（Acid Rain）和"有毒废弃物"（Toxic Waste）的辣椒制品欣然采用这些有悖于直觉的病毒式营销语言，意图却不是警告顾客，而是为了诱惑他们下单。这倒是一个非比寻常的发现，现代社会里辣椒风潮的推进策略其实是有意识地从不登大雅之堂的违禁、非法和一些明显不合常规的概念中汲取宣传卖点。

在辣椒酱的营销策略中，夸张的语言造势，以及暗示辣椒强大控制力的"黑话"总在其中合奏共鸣，一轮轮兴起，从未中断。不用说，所有人都逃不开这股由来已久的辣椒风潮，感受过那些热门辣椒品种以及辣椒制品骇人听闻的名称。我曾有数年从事违禁上瘾品的研究，发现描述有关辣椒的语言词汇，听起来与那些违禁品竟然有惊人的相似之处。提到内啡肽带来的冲动，或是多巴胺触发的愉悦之类的话题，总免不了小心谨慎，毕竟众所周知上瘾品激发的精神反应背后不可避免的是药物滥用与神经刺激。尽管一些科学权威人士质疑食用辣椒是否真的能刺激身体，引起类似的反应，但一大批容易受到暗示作用的消费者（或者从辣椒的作用原理上来说应该称他们为使用者？）坚持认为辣椒刺激作用神经的强度虽然小得多，但确实有用。"作为一种放松的方式，"劳伦·柯林斯（Lauren Collins）在 2013 年 11 月的《纽约客》（*The New Yorker*）上报道说，"无须冒犯法律或是辛苦锻炼，辛辣滋味就能给你带来类似于服用轻度上瘾药或参加极限运动时的那种快乐。"[8] 这不是人类历史上第一次为辣椒正名，丹佛·尼克斯（Denver Nicks）发表在 2017 年 1 月《国家地理》上的一篇文章中，发现了玻利维亚人民对他们常用的辣椒酱拉拉瓦（llajwa）也有同样的溢美之词。拉拉瓦辣椒酱由当地的罗克多辣椒、番茄和一种类似芫荽状药草奎尔奎纳（Quirquiña）混合而成：

> "没有拉拉瓦我们吃什么都提不起精神，"加拉多这样跟我说，这句话我在旅途中已经听过很多次，"就像是一种恶习。它可能会伤害你，但你总忍不住为它沉迷。有点像毒品一样。有些人吸毒，难挨没有毒品的分分秒秒。在玻利维亚呢？我们有自己的'毒品'，就是拉拉瓦。"

"我喜欢辛辣的食物。"丹麦大厨卡米拉·塞德勒（Kamilla Seidler）说，她是一家名为克斯塔（Gustu）的融合餐厅的主厨，"我觉得吃辣有点像药物上瘾，因为你能从中得到快乐的感觉。"[9] 卡米拉供职的餐厅位于玻利维亚首都拉巴斯南部，菜单里有一种白兰地鸡尾酒，里面就加了拉拉瓦。

吃辣会变成一种瘾。一些有关辣椒的评论会反复强调这种所谓的精神联系。从生理学角度，这种联系完全站不住脚，但从另一个层面来看，人们对于辣椒的耐受性毋庸置疑是逐渐增加的。就像阿片类药物、酒精和其他被禁的致瘾剂一样，耐受性随着持续摄入而不断增强。10 分钟前或上周刚品尝过的辣椒酱，当时似乎还辣到难以忍受，灼热又刺痛，但之后再次尝试时，它尖刺的味道就会逐渐削弱。味蕾就是在这样的锻炼过程中不断打开，并为下一次品尝更辣的食物张开了怀抱。味觉是可以训练的，就像逐渐接受其他任何种类的味道一样，味觉也能训练成欣赏辛辣的滋味。伴随辣椒素含量不断攀升的培育辣椒，味觉也更加坚韧，不断经受新的辣度考验。1992 年，澳大利亚的一个研究团队就此提出内啡肽的触发机制是导致某些人对辣椒素"上瘾"的原因。正如《新科学家》（*New Scientist*）所报道的那样，"正因为辣椒素对人们想要得到的快乐有求必应，所以他们也已经习惯把味蕾一次次暴露于更多辣椒素的刺激之下，去换取更高的内啡肽分泌。从这一点来说吃辣真的有可能会上瘾"。联邦科学与工业研究组织（CSIRO）的项目负责人约翰·普雷斯科特（John Prescott）曾发表过一个套用"诱导性毒品理论"的警告说："一旦开始吃哪怕不辣的咖喱，最终也一定会去吃咖喱肉。"[10] 不过这倒不是说，身体对辣椒会自动产生逐渐增加的每日剂量需求，如果不能满足，就会进入某种灾难性的崩溃。跟药物的耐药性原理完全不是一回事。尽管纯辣椒素本身就是一种毒素，但即使是最辣的辣椒，其中所含的辣椒素加在一起也不会对人体有什么伤害，除了会从消化道的一端或两端排出时给周围器官再添一把火。

著名动画电视连续剧《辛普森一家》(*The Simpsons*) 1997 年播出的一集《荷马的神秘之旅》(El Viaje Misterioso de Nuestro Jomer) 中，荷马对春田市集辣椒烹饪大赛上的辣椒制品都不屑一顾。警察局长威刚于是向他挑衅，问他可敢尝试自己的"加萨加纳高的疯子辣椒"(Quetzalacatenango)。这种传说中的辣椒是在危地马拉的一处原始丛林里，由一群精神病患者种植出来的。在事先给嘴里抹上蜡，做好保护以后，荷马大口吞下了威刚警官从翻滚的大锅里捞出的几颗红黄条纹相间的疯子辣椒。荷马吃下的辣椒有点像是佩特奥特仙人掌或是致幻蘑菇这样的精神干扰植物，他立马进入了一种迷幻状态，伴有视觉和听觉的全面紊乱。当荷马在田野里蹒跚而行时，遇到了一只会说话的土狼。土狼由美国乡村歌手约翰尼·卡什(Johnny Cash)配音，在荷马这一次的自我发现的灵性之旅中充当他的精神导师。最终旅途结束，荷马从中学得的一课并不是如他之前发誓的那样，再也不吃什么危地马拉疯子辣椒，而是找到了他的灵魂伴侣——当然，他的灵魂伴侣就是玛姬。

有关极度辣的辣椒会给人们神经带来致幻效果的报道经常会被质疑。目前还没有足够的证据证明辣椒素能对脑部神经产生这样的作用。不过确有一些基于个体主观经验的报道，以及一些尚不充分的医学描述展现了可能存在的另一面。2011 年南卡

209

罗来纳州，美国国家公共广播电视台（NPR）记者马歇尔·特里（Marshall Terry）在品尝完埃德·库里培育的"卡罗来纳死神辣椒"以后，曾短暂地进入了一种特殊状态，先是行为不稳定，发音含混不清、不知所云，接着是一阵无法自控的抽搐和呕吐，就像吃了迷幻药一样。根据在线历史频道的斯蒂芬妮·巴特勒（Stephanie Butler）的说法：

> 那种特别辣的辣椒也有可能会产生轻微的致幻效果。墨西哥古文明时期的玛雅人就曾把辣椒当作兴奋剂，而且这已经有超过 8000 年的历史。如今根据报道，一些吃辣椒的人曾说自己看到了房间里不存在的东西，肢体失去感觉，以及其他一些头脑麻痹的效果。[11]

Erowid 是有关各类药物信息的网站。在网站上我们看到一条这样的报道：一位勇敢的，化名费尔（Fer）的心理学者，谨慎地咬了一口，接着狼吞虎咽地吃下了墨西哥瓦哈卡州一种红到刺眼的干辣椒以后：

> 眼前的一切都闪烁不定，整个世界如同梦魇，就像赤脚走在盛夏烈日灼烧的混凝土公路上，蒸发掉一切水分的酷热从中升起。我的意识在痛苦挣扎，喧嚣刺耳的节日场景，朋

友们的谈话声，以及熙熙攘攘的餐馆都消失在远处，忽隐忽现。在我残存的意识边缘，我知道我的朋友们在一旁围观着我，看着我笑，我知道身边的狂欢还在继续，知道在我身体所感受到的地狱之外，存在着另一个世界。

她试图通过快速地吸气和吐气来缓解口腔里灼烧的疼痛，但完全不管用。"过了几分钟（或者像几年那么漫长），我感到外面的世界终于以一种缓慢、颤动、一阵阵热浪的方式回到我身边，这种回来的感觉几乎和世界离开我的身体时一样痛苦，因为感觉返回就意味着要再次体验到辣椒的威力。"[12] 不过她承认，她也喝了不少龙舌兰酒。

所以，我们还真有所谓的辣椒影响，按照不同的辣度对应不同的影响级别，就像从阿片类药物的刺激作用一直到如佩奥特、LSD* 这样的致幻剂。选择你的"毒药"，准备好让你的身体感受器迎接辣椒带来的愉悦高峰吧。辣椒迷谈论他们品尝最辣辣椒时的口气，听起来格外像是吸毒者在对毒品做一番比较。为了培育出世界上最辣的辣椒，一场犹如军备竞赛般无休止的研发竞争已经见证了卡罗来纳死神辣椒的诞生。卡罗来纳死神辣椒之后又受到另一种来自威尔士圣亚萨培育的黄灯笼辣椒的新品种，一种命名为龙息辣椒的挑战。据说龙息辣椒的辣度能达到死神辣椒的

211

---

* 麦角酸二乙酰胺的简称，是一种强烈的半人工致幻剂。——译注

1.5 倍。于是不甘示弱的埃德·库里又培育出一种是死神辣椒辣度两倍（超过 300 万 SHU）的新辣椒，好像嫌这个新辣椒还不够神秘似的，库里将其命名为 Pepper X（X 辣椒）。

富有想象力的观察者可能会把这种竞赛比作某种邪恶行为，比如试图制造世界上最强大的兴奋剂，或者是最强效的上瘾剂。而辣椒用户本身——用他们自己的话来说这些用户又叫作辣椒狂人——的所作所为常常加剧了这种印象。他们无时无刻不在谈论着辣椒，谈论的口气就好像它是一种非法的、偷偷摸摸的勾当，会带来令人战栗的经历，挑战辣椒是一件颇有仪式感的事情。看看他们的讨论："这种辣椒的辣度是加强版的，而且也能拉长神奇效果的维持时间。""灼热和不适感持续了大约 30 分钟（对我来说），但感觉最糟糕的那个阶段在大约 15 分钟后就过去了。一般来说墨西哥辣椒会让你涕泪横流，以上你想要的它都能达到，而且是加大倍数给你。""我认为普里莫（Primo）辣椒的味道尝起来不错，布雷恩（Brain）辣椒也一样，一开始都很甜，但你享受不了多长时间，因为很快就会辣到你的整个脸都好像着火一样。""在我看来，巴勒科布尔（Barrackpore）辣椒的味道太糟糕了，尝起来就跟洗碗水一样。不过我还是又重新种植了一次这种辣椒，因为它带给我的劲爆辣度甩其他辣椒一整条街。用它还能做出最棒的辣椒粉。"[13]

人类在寻找能直接刺激精神或有类似功效的食物时，从来不会忘了辣椒。关于辣椒有一种说法，即把吃辣椒的生理反应比喻成注入化学剂后的意识状态变化。虽然这种说法所表现出的辣椒效应有些夸张,比喻的手法也过于离奇,但无疑,它吸引了世界各地许多自称辣椒爱好者的注意力。比喻的言外之意,是把禁忌的辣椒与作为地狱食物的悠久传统联系在了一起。我特别喜欢自封医药猎人的克里斯·基勒姆(Chris Kilham)的一段描述:

> 魔鬼的蔬果以一种诱人的"宗教体验"让他的信徒臣服:辣破的嘴唇、像被打肿的舌头、疼痛难耐的嘴巴、灼热到难以下咽的喉咙、上下翻腾的胃、疯狂冒汗的额头、开始充血的面部和头脑,还有一大波前来抑制疼痛的内啡肽,就像城市火光中心的消防员一样在大脑里涌动。在辣椒热潮的压倒性控制下,理智在夹杂着狂喜的疼痛中昏倒,就像一场被魔鬼诱惑的祭祀。[14]

天啊,那还真是好辣椒。

12
热辣尤物
辣椒与性

如果可以将辣椒比作毒品；如果可以将来自洛杉矶、名为红辣椒（Red Hot Chili Peppers）的放克乐队与摇滚乐永远联系起来；那么把辣椒这种世界上最辛辣的香料与性相提并论也就不足为奇——由此便完成了有关辣椒的三大隐喻。数世纪以来，人们一直习惯将性诱惑比喻为"热"（hot），直到如今，当谈到某人外观上具有吸引力时也流行使用"hot"。"hot"这个词，是对滋滋燃烧、暗流汹涌、炙热难耐这些词最简单直接的概括，是长久以来人们对其肉体欲望对象共同特质的高度总结。性感的人被称为 The Hots，比如"辣妹"。你最近的约会对象可能是一位"热辣尤物"（hot stuff），但你与旧情人的关系也有可能"余烬未了"（old flames）。之所以会把性与热联系起来，可能来自对性冲动时血脉偾张的生理现象的联想，可能源自生活在热带地区的人们的炽热性情，也可能来自生育繁衍时的"如火如荼"（in heat）。性欲高涨时的炙热状态特别适合形容处在发情阶段的妇女（发情在拉丁语中为 oestrus，英语为 frenzy），当她们的体内充满了生殖激素时，体温也会跟着升高。

在许多古老的隐喻中，性欲都被描述成一种燥热的状态。《旧约·雅歌》谈到情欲时说："所发的电光是火焰的电光，是耶和华的烈焰。"（8：6）古典文学里常常可见有关"爱情之火"的隐喻，类似的用法跨越了国家与民族。中国晚明时的白话诗人冯梦龙在他所著的《古今小说》（1620）里就写到了一对两情相悦者，在"对饮十余杯后，欲望像火一样燃烧"的故事。最后一个例子也说明激情之火可以通过摄入一些食物而点燃。最典型的食物莫过于酒精，以及除此以外数百年以来被看作催情剂的其他食物。虽然现代科学已经否定了所谓"催情食物"的功效，但有关食物能"壮阳、催情"的理念还是深入人心。芦笋、黄瓜、牡蛎、无花果等食物因其自身独特的与两性的生殖器官相似的形状，而被视作可以催发情欲。其他诸如酒精饮料或巧克力之类的食物，被当作催情食物的原因仅仅是能让食用者心情愉悦，放松的状态下更有可能坠入爱河。但辣椒与这些食物都不一样，人们无法忽视它的辛辣炙热与火热性感或是性欲何其相似，无怪乎辣椒能在各个时代的爱情传说中穿梭自如。

如今一些伪科学坚持认为辣椒具有催情的功效，既然辣椒能够释放内啡肽，就能保证食用者的头脑放松愉悦，为拥抱做好准备，然后身体的其他部分也会做好准备。根据网站eatsomethingsexy.com的说法："哪怕轻咬一小口辣椒，也能帮助你催发情欲。只需一小把辣椒，就能让体温蹿升，让你有宽衣解带的欲望，让你的嘴唇丰满柔嫩，富有亲吻欲。毕竟，据说所有的热能都可以给身体带来视觉效果上的性感红晕。"[1]但现实并非如此，辣椒素更有可能降低而不是升高关键部位的体温，丰满的嘴唇只是一种假象，背后是辣椒素造成的灼热甚至疼痛。像这样被辣椒辣肿的两对嘴唇，连碰到都会刺痛，更别提亲吻了。不过我们也得承认，光线合适的话，任何潮红的面色看上去都情意荡漾，这倒是很容易让人把持不住。在情人节前后的报纸、杂志所刊登的文章中，关于辣椒催情的说法一再推波助澜，常常还带有所谓的专家权威"验证"。辣椒催情说并非现代产物，追根溯源的话，古已有之，可以说是中世纪和现代社会早期的民间传说在后现代社会的一种嬗变。

16世纪时的欧洲文化面对辣椒时的态度十分谨慎，甚至恐惧，种种拒不接受的态度都源自他们的担心。他们对这种来自遥远异域的食物满怀戒备，毕竟这些食物来自的地区气候极端，生长这些食物的土地上的土著人衣不蔽体，甚至不忌讳吃下人的尸体。吃下这些食物，可能会让那些毫无戒心的人产生类似的行为退化，在殖民主义者的文明社会引起道德上的骚动和倒退。辣椒到达新教占据主流的欧洲北部地区时，那里的人们正拉响精神警报，力劝民众远离南方天主教徒，尤其是神职人员纵欲的腐败生活方式。如果早期清教徒和路德教徒的饮食在斋戒日以谷物和蔬菜为主，在宗教日和节假日以简单烹饪的鱼和肉为主，那么在这种对香料敬而远之的饮食系统里，热辣的辣椒自然很难找到自己的一席之地。事实上，它们的辛辣功效正是当时的学者、草药学家和医生警告人们不要食用辣椒的原因。然而，辣椒总是有更多面。辣椒给生理上造成的火辣感受让人不自觉地紧张甚至恐惧，同样地也蔓延到了天主教的中心。玛丽亚·帕斯·莫雷诺（María Paz Moreno）就曾在她有关马德里烹饪史的笔记中指出："西班牙耶稣会传教士、博物学家何塞·德·阿科斯塔（José de Acosta）虽然建议食用［辣椒］来促进消化，但也反对人们滥用辣椒，尤其是青少年，吃过多的辣椒对其健康，特别是灵魂都有损害，因为辣椒会提升食用者的肉欲。"[2]

香料会刺激性欲的这种疑虑最早可以追溯至罗马时代。基督教传入罗马以后，又得到盖伦医学派的进一步支持。辣椒传入欧洲前的很多年中，胡椒、肉桂、生姜、丁香和肉豆蔻这样的东方香料在体液学说中都被归类为"热"和"干"。对于"热性"体质的人来说，具有"热性"的香料当然会为他们的肉欲冲动火上浇油。《旧约·雅歌》中，情人幽会的密所总是飘散着辛香料的芬芳；伊斯兰的天堂花园里也摆满了异国风味的食物。因此，正如香料历史学家杰克·特纳所写的那样，"辣椒所代表的性感是显而易见、无须赘述的事实"。

217

方济各会成员、百科全书派作家、英国人巴塞洛缪（Bartholomew）曾于13世纪写到，香料的催情作用是宇宙运转规律不可分割的一部分，广义上说也是医药学和占星术的一种展现形式，并且可以为后者所解释。香料商是传说中维纳斯星相下诞生的几个淫贱的职业之一（其他职业还有歌手、珠宝商、音乐爱好者和女装裁缝）。[3]

在新婚夫妇的洞房花烛夜里，增添一点桂皮和肉豆蔻可能对双方共浴爱河大有裨益，这样的传统食谱直到18世纪仍在英国流行。同样，中东地区的人认为，把蜂蜜和生姜汁小心地涂抹在事先清洗过的阳具上能使其更威风凛凛。这些都是好事，但人们也有种共识，那就是日常生活中若是沉迷于香料的催情作用只会腐蚀灵魂。不难想象，辣椒在引入、登陆欧洲海岸的过程中散发出何其耀眼、让人心神不安的光芒，这样的受关注程度在之前只有胡椒和生姜能够匹敌。和之前的香料一样，辣椒之后也被小心定义，纳入欧洲食物对应的精神列表中。

218　　　体液学说至少看起来还披着严谨科学的外衣，遗憾的是在随后几个世纪，却让位于一些所谓饮食学的更不着边际的想象的呓语。比如长老会成员西尔维斯特·格雷厄姆（Sylvester Graham），19世纪最偏执于抨击外在污染源的精神捍卫者。格雷厄姆热衷于批判日益增长的男性自慰行为，反复重申手淫会给身心带来严重危害，同时他也把肉欲的腐蚀作用和会引起肉欲的刺激物联系起来一同抨击。这些不洁的食物包括茶、咖啡、酒精、肉类，以及少不了的辛辣菜肴。为了确保人们养成清心寡欲的健康饮食习惯，他发明了全麦饼干，一种用粗筛过的全麦面粉烘烤而成的寡淡饼干，吃时也不蘸糖或奶油。他总喜欢对年轻人的贞操观指手画脚，用那种一如既往、高高在上的监控腔调，简直可以作为独断专行言论的代表：

> 各种刺激和热性的食物、味道浓郁的食物、丰盛的菜肴、不加节制地吃肉，甚至吃得过饱，以上这些或多或少——有一些甚至在很大程度上——会增加生殖器官的兴奋和敏感，而肉欲会对日常生活、心智乃至道德产生恶劣影响。[4]

为了表示同情，我们不妨想象一下这个场面。格雷厄姆的年轻读者们也许会听从导师关于香料的严重警告，小心谨慎地避免其不良影响。但有时，在一个失去监管的晚上，与女朋友共度良宵之前，他会不知不觉地给自己的晚餐牛排撒上过多的红辣椒粉。

如果说关于辣椒和性之间真有什么科学发现的话，似乎辣椒素和男性性欲之间的联系并不是按格雷厄姆所说的吃下辣椒—激发性欲的顺序，而更有可能以一种相反的顺序进行。换言之，辣椒并非挑起汹涌性欲的因，而更有可能恰巧是一个已经被心理预设的食物偏好的果。至少从法国南部格勒诺布尔－阿尔卑斯大学的一个研究小组的研究可以证实这一点。该研究对 114 名中青年男性进行了测试，测试内容是让他们自由选择盐和辣椒酱作为一碗土豆泥的调料："内源性唾液睾酮的指数与实验中个体自发选择消耗的辣椒酱量呈正相关……研究结果表明，男性对辛辣食物的行为偏好与内源性睾酮水平相关。"[5] 人们对于这项研究的普遍解释为，辣椒素将会提高食用者的睾酮水平，增强男性性冲动的能量，还能强化他们自我肯定、争强好胜等社会行为。然而这篇研究结果在发表时，它的主要作者又补充说，以上效果目前只能在啮齿动物身上观察到。所以也有另外一种可能，正是因为社会中的某类男性喜欢被看作无所畏惧的探险者或酷爱迎接挑战的冒险家，希望在各个方面都拔得头筹，也因此自发培养出一种爱吃有挑战性食物的口味偏好。相关性并不自动等同于因果关系，而吃辣能催情之所以能成为一种心照不宣的信念，背后必然经过许多媒体对尚且模糊的一些发现或概念的添油加醋、以讹传讹。

每一项研究似乎都有一个与之对应且完全相反的实验结论。关于辣椒的催情效能，就有《临床性医学教科书》（*The textbook of Clinical Sexual Medicine*）给该话题泼了一桶冷水："尽管 B－内啡肽能作为止痛剂和愉悦诱导剂，但目前尚无证据显示它们能因此帮助摄入者增强性欲。相反，以几只老鼠为对象的实验结果表明，增强 B－内啡肽以后，老鼠交配行为反而受到了抑制。"[6]

与此同时，2017年，丽塔·斯特拉科沙（Rita Strakosha）自费发表了一篇未经科学证实的论文，认为同性恋是饮食不平衡的受害者。相关性和因果关系常常混作一谈，这篇题为《现代饮食和压力导致同性恋》（Modern Diet and Stress Cause Homosexuality）的论文，创下了该种错误水平的新低。作者说，同性恋行为很容易纠正，只要他们坚持进食正确的食物，同时远离错误的食物即可。她所谓的"错误的食物"包括"油腻或高热量的食物、辛辣的菜肴、柑橘类水果和碳酸饮料"[7]，这不禁让人感到奇怪，如果按照她的饮食理论，如今世界上发达国家有此类饮食习惯的人岂不是都会成为她眼中可以纠正的"病人"（同性恋）？

源自中世纪的"征象说"理论（doctrine of signature）到了现代也不乏追随者。所谓的"征象说"理论即是以形补形。如果某种植物的果实或枝叶看起来像某种特定的人体器官，那么将这种植物入药的话也就能治愈对应器官部位的疾病。因此无须过多解释和鼓吹，也能感受到彼得辣椒多么适合拿来当作性障碍对症的明星食物。彼得辣椒属于一年生辣椒，它的起源地至今仍无法确定，今天的生长地主要分布于美国南部和墨西哥一带，史高维尔辣度指数在中等水平，但有一点绝不平凡——可以说是夺人眼球的一点，彼得辣椒无论从形状还是比例上看都像是男性的阴茎。也就是说，它有一个末端龟头和与之相连接的阴茎体，至于是否还有包皮，取决于你观看它的角度。这种辣椒的外皮呈现诱人的红色，甚至还有一种在解剖学上也无法理解的黄色（如果有异国情调这一说的话）。从自然品种的原始形态开始，经过几代人有目的的精心培育，如今彼得辣椒的外形已经活灵活现。在追求最辣辣椒的运动开始之前，辣椒专家让·安德鲁斯就曾经写道："这种外形劲爆的浆果吃起来太辣了；因此，它被归类为装饰性辣椒。或者我们应该说，对于见多识广的园丁来说，花园里有这种辣椒也多了一种谈资？"[8]

将让你嘴唇辣到像是着了火般疼痛难耐，与温柔和坠入爱河两者联系起来看似过于牵强。与辣椒所带来的灼烧感相比，还有一种更不可忽视的影响。如果回到辣椒的同性类比问题上，为了让问题更有说服力，那么除了把辣椒素带来的灼热感作为性欲控制下的炙热的隐喻，还可以仔细考虑一下辣椒作为辛辣香料促进人们警觉性的意义。所有的香料都是这样，在饮食中不但充当了刺激或是芬芳的调味剂，也能让日常摄入的蛋白质和碳水化合物，甚至糖类等不再平淡乏味。香料为味觉增加了更多的维度，当不同的香料组合在一起时，维度就变得更加复杂多变。辣椒更是如此。即使食物本身已经足够美味，但加入辣椒后它的味道会更具诱惑性和主动性，因为辣椒为其增加了一种单纯和简单之外的感觉。辣椒创造了一种清醒、敏锐的反应能力，这种敏锐的洞察力超越了通过简单进食来得到满足的模式。而在辣椒的提醒下，身体的某些器官会被唤醒，感受到自己的存在。当然，能否享受这种身体变化取决于个体所能忍受的辣度。对于大多数人来说，过犹不及，太多的辣椒刺激难以承受；但对于那些执着的辣椒狂热爱好者来说，在到达极限之前的辣度区域，无疑是勇敢探索各种感官冲击的最佳前奏。

关于辣椒作为一种催情剂的理论，相关文献研究领域主要集中在摄入辣椒之后身体的内部反应。内啡肽的释放和神经递质的共同作用，创造出一种类似于镇痛剂下的幸福和愉快状态，由此为性活动提供了舞台。而在辣椒进入肠胃之前，最先作用的人体器官是舌头的软组织和味蕾。因辣椒素对皮肤表面的直接作用，因此人们认为其可以作为辅助性药物。正如民俗学者约翰·麦奎德（John McQuaid）的报告所说："美洲原住民用辣椒摩擦自己的生殖器，为的是降低敏感度，从而延长快乐的时间——早期的西班牙定居者也曾尝试过这种做法，这让和他们一起踏上新大陆的布道牧师们十分沮丧。"[9]这似乎与今天"持久力"的追求相同。但这种喷雾剂只能通过温和的局部麻醉剂（如苯并卡因和利多卡因）起作用，而辣椒素会在全身释放内啡肽之前造成一定程度的局部疼痛。所以最初，男性使用者其实很难正常调动他的生殖器官运作，但在此之后，喷雾剂的麻醉作用能帮助他的性器官保持更长时间的工作。1997年一位丹麦发明家申请了一种与辣椒素有关的乳膏的专利。据称这种乳膏能在两分钟内帮助男性性器官勃起，并已经在实验条件下引发了一名已阳痿多年的老人的勃起反应。[10]而在此之前，1994年费拉拉大学的一个意大利团队在《斯堪的纳维亚泌尿学和肾脏学杂志》（Scandinavian Journal of

Urology and Nephrology）上刊登的研究报告表明，他们的男性试验者在接受尿道注入辣椒素的过程中，发生了勃起反应。[11]

正如爱恨之间通常只隔一线，辣椒的感官刺激与变成彻底折磨的距离也近在咫尺。一旦僭越了那条线，辣椒的炙热烈焰就将发挥它致命的威慑力，就像我们下一章将会看到的那样。

13

暴力对话
辣椒武器

辣椒在食用时会产生刺痛或不适的感觉，这一特性使其跻身世界
美食史上最重要的几种味道之列。并鉴于人们的性情、喜好各有
不同，有人视辣椒为魔鬼的代言人，有人则认为其是坦率和性感
的象征。然而，在辣椒的早期栽培者和消费者为了各自不同的目
的享用它们的炙热之前，这种炙热其实是对其哺乳类天敌的一种
自然反击，可以看作一种真正的杀伤性武器。纵观人类历史，与
辣椒在人类饮食中既百搭又有营养价值的地位齐头并进的是，辣
椒一直被用来以辣伤人。人类本性向来如此，如果发现了什么可
以用作战斗的杀伤性"武器"，就一定会物尽其用。

辣椒开始用于攻击的确切时间点无从追溯，但当西班牙和葡
萄牙的冒险家抵达美洲时，他们常会体验到一种可能颇有历史的
辣椒武器。1494 年，加勒比的伊莎贝拉岛上，当地土著泰诺人

与西班牙殖民者之间突然爆发了一场激烈的战斗。战斗源于当地食品物资仓储遭到灾难性的重创。这场人祸的罪魁祸首正是西班牙人。由于自身经验不足造成了食物短缺，他们把目标对准了泰诺人的食物，进行了一系列突袭与掠夺，最终自食其果被泰诺人围困在自己的堡垒里，遭遇了一场原始的化学战。西班牙最先进的武器是托莱多钢剑，锋利程度堪比艺术品，泰诺人的武器装备难以匹敌。但泰诺军队向他们发射的几枚"辣椒手榴弹"扭转了局势。辣椒磨成粉末以后，和土灰一起装进葫芦里就变成了"辣椒手榴弹"。通过与土灰的混合，在投掷后的葫芦裂开时，辣椒粉就随着灰尘巧妙地扩散到空气中。灰尘将辣椒粉带入惊慌失措的西班牙人的眼睛和喉咙里，他们中的许多人中了招，一时睁不开眼也喘不过气，被无情的袭击者趁机手刃。后者即是戴着头巾的泰诺人。头巾就像外科手术的面具一样遮住了泰诺人的口鼻，保护他们免受辣椒的威胁。

后来这种武器还进化出了一种新形式。阿兹特克人和玛雅人在葫芦里灌水，再加入辣椒粉。辣椒粉会在水中发酵，所以当导弹发射后爆炸时，会释放的有害的发酵气体，使人呼吸困难。

有些战斗中不适合发射"辣椒导弹"，那么"辣椒烟雾战术"也是一个聪明的办法。燃烧辣椒时产生的刺鼻烟雾也能为战斗所用，巴西人就是这样对付他们的葡萄牙侵略者的，印加人在后来称为秘鲁的地区也是以此来对抗西班牙殖民者的。"辣椒烟雾战术"的历史也能追溯到前哥伦布时代。14 世纪 50 年代，阿兹特克帝国统治下的东北部地区库特拉特兰（Cuetlaxtlan，今韦拉克鲁斯）人民发动了一场叛乱。他们反抗阿兹特克人的统治，拒绝向其定期进贡，还暗杀了阿兹特克人在当地的行政长官。贡品中断了，蒙特祖马一世的使者奉命前来追责，要求当地人继续履行纳贡义务，而当地酋长的回应是封死阿兹特克人卧室的所有通风口。他们精心搭建了一堆辣椒然后放火点燃，帝国的使者因此窒息而亡，这很可能是人类历史上第一个毒气室。[1]

我们还记得，在阿兹特克人的家庭教育里是如何使用辣椒作为惩罚的。按照对开本《门多萨抄本》第 60 页右侧的描述，对于顽劣不化的儿童，其父母的惩戒方式是燃烧辣椒进行烟熏。今天看来这种教育方式相当野蛮。同时期的西班牙作者提供的插图细节显示，无论男女，阿兹特克儿童在年满 11 岁以后一旦犯了错误，就有可能体验到这种惩罚。插图中的男孩因为对父母的命令一再置若罔闻，正经历辣椒烟雾的惩罚。"哭泣的儿子已经被脱到赤裸，父亲控制住他让他面对燃烧的辣椒；被迫吸入辛辣的烟雾，这被认为是一种残酷的折磨。"（事实上，就像因辣椒烟雾窒息而亡的阿兹特克使者的例子，这种体罚不仅仅是一种残酷的折磨，甚至有可能致命。）一旁的女孩虽只被带到燃烧的辣椒火焰前吓唬一番，即使时间不长，辣椒的烟雾也瞅准时机，如针刺般钻进了她的鼻孔。"哭泣的孩子……被教导着跪下去，或许还被束缚住双手，被迫面对燃烧辣椒产生的浓烟，从而让他们学会服从。"[2] 即使孩子们面临的惩罚是间断性的，每次只接触几秒钟，每隔很短的时间重复一次，但这种体罚看起来已经很严厉了。而如果你翻开对开本的下一页，会发现还有更为严酷的惩罚：插图上一个 12 岁的男孩被捆住手脚，赤身裸体地在潮湿的地面上躺一整天，可怜地哭泣着。

19 世纪晚期，在所谓的印第安人战争（实则为欧洲对印第安人的侵略和屠杀）中，美洲原住民仍使用辣椒烟幕弹这种能给敌人造成窒息的武器对抗殖民者。19 世纪 80 年代，一位名叫方（Fun）的印第安士兵（他也是印第安阿帕切杰出军事首领杰罗尼莫 [Geronimo] 的表弟），为了解救被绑架的阿帕切妇女和儿童，发起了一次大胆突袭。他以辣椒烟雾作为武器，对付一群退守到土坯教堂内的墨西哥矿工。混合着燃烧的木材和松树汁的辣椒粉"炮弹"被投入教堂，惊慌失措的矿工们完全丧失了行动能力，只能眼睁睁地看着他们绑架来的为他们工作的阿帕切妇女儿童被救走。

从芥子气到核裂变，20 世纪见证了人类历史上前所未有的武器装备竞赛热潮。发达工业国家似乎从不放过任何一种具有杀伤性的武器研究和尝试。其中一些武器的作用堪称整个人类的噩梦，以至于国际条约都限制乃至禁止其投入战争。其他一些未被禁的武器则在库房里高高垒起，躺在那里等待战争到来时派上用场。有一些称为"非致命性武器"的使用场景包括控制群体事件的刺激物、驱散暴乱的刺激剂，以及用作个人自卫的防护剂。这些制剂多来自实验室配制的各种化学物质，以及天然植物合成物或高度浓缩物。在天然植物制成的武器装备中辣椒素发挥了重要作用。警察、安全部队，以及普通公民都可以使用辣椒素，在许多司法管辖区中，辣椒喷雾也是一种立竿见影制服潜在攻击者的武器。

现代使用致命和刺激性气体的历史可以追溯到第一次世界大战时期。当时光气、氯气和其他化学物质一起，首次被用来对付敌方军队。这个时候合成辣椒素也已经出现，但尚未用于战场上的军事行动。辣椒素于 20 世纪 20 年代初开始，在美国军方的埃奇伍德兵工厂（Edgewood Arsenal facility）生产制造，但在 1928 年即被英国发明的一种 CS 气体所取代。由此，辣椒素作为武器的身份就这样搁浅了几十年，直到 20 世纪 70 年代，提炼技术改进，人们从辣椒中提取出了一种活性树脂——后来称为辣椒精油（OC）的红棕色化合物，这种化合物后来在民事纠纷领域逐渐取代了 CS 气体的使用。警方使用的辣椒喷雾里，可能含有高达 15% 的辣椒素及其相关的天然化合物，不过出售给个人使用的防身喷雾里的辣椒素含量通常会限制在 1% 以内。辣椒喷雾的使用方法是直接对准目标的眼鼻进行攻击，被击中者会立即短暂丧失行为能力。被攻击者的眼鼻会遭受严重刺激，被迫吸入辣椒喷雾的化学气体以后，肺部也会受到急性损伤，肠道功能也有可能会因此紊乱，而暴露在外的皮肤会产生灼烧感。辣椒素欺骗了身体，让身体相信有了炎症并产生反应。严重的刺激会导致眼

229

睛紧闭、无法睁开，相当于短时间内失明，同时长时间的窒息感和不断地咳嗽，使人无法言语。短则 45 分钟，长则可能需要数小时，身体才能从这一过程中恢复过来。使用有机化合物喷雾剂致死的案例极少发生，但不排除在个别情况下会有加重病情的可能。辣椒喷雾显然对呼吸系统脆弱的人尤其具有伤害力。

从 20 世纪 90 年代起，用作个人防卫的辣椒喷雾在世界许多国家已经发展成一桩大生意，不过在包括英国和欧洲大陆的大部分国家和地区仍然属于非法用品。辣椒喷雾不仅能用作妇女防身工具，美国邮政部门还准许他们的工作人员用其对付天然的敌人——社区里凶猛的恶狗，就像森林野营者用辣椒水对付熊一样。相比之下，1997 年的《化学武器公约》第 1 条第 5 款却禁止在战争中使用包含辣椒喷雾在内的化学武器和类似的防暴剂。除朝鲜、南苏丹和埃及，所有国家都签署和批准了该公约的协定。以色列也签署了该公约但尚未正式批准。

2010 年，印度国防研究与发展组织宣布他们已研制出一种辣椒榴弹，专用于对付恐怖主义事件和国家叛乱活动。这种辣椒榴弹里含有印度鬼椒，即所谓的鬼椒（当时世界上最辣的辣椒品种，不过在那之后，好几个辣椒新品种的辣度已经超越了它）。辣椒榴弹还被安装到坦克上，发射后能瞬时制造出范围达 90 米的有效烟雾屏障，可以抵御攻击者夜视技术和热成像技术的侦察。预计在迫使叛乱分子离开藏身之处方面，辣椒榴弹的功效也会相当卓越，因此这项新武器已经部署到向来动荡的克什米尔地

230

区，用来打击那里的好战分子。尽管官方宣称辣椒榴弹属于"非致命"武器，但自从问世以来，已有医学工作者指责其是数起死亡案件的罪魁祸首。不能免俗地，实际运行中它也经常被滥用，攻击对象的名单莫名其妙地延伸扩大。2017 年 9 月，为逃离缅甸国的迫害，罗兴亚（Rohingya）难民通过孟加拉国来到印度边境，试图通过暴力手段跨越国境。印度武装部队禁止难民入内的方式是在边界线上向他们发射辣椒榴弹。

纵观人类与辣椒素之间长达数世纪的联系互动，辣椒成为一种武器可能不是其中令人愉快的话题。但辣椒武器也代表了一种原始模仿的人类学形式。如果从一开始，辣椒没有向人类释放自身化学性的火辣攻击，那么人类这种世界上最具破坏力的物种或许永远也想不到用辣椒来向同类开炮。

14
超级英雄和辣椒狂徒
辣椒崇拜

追逐超级辣椒的运动在整个英语国家，尤其在美国蓬勃兴起，形成了一种前所未有的文化现象。回顾人类的食品发展史，会发现历史上也曾有过人们对一些香料及其制品疯狂追捧的时期。在辣椒之外的香料圈里，也存在过来自欧洲人的夸张痴迷。这种痴迷对中世纪晚期和现代早期的国际贸易起到了显而易见的推动作用。诸如胡椒、肉豆蔻、豆蔻干、桂皮和生姜之类的东方香料，因其自身的异国情调让欧洲人狂热痴迷。欧洲人对来自遥远国度的神秘气息知之甚少，但香料凭借自己的交易价值和大费周章的运输流程，奠定了自己的地位。而恰恰是在这一点上，正如我们在第二部分中所谈及的，辣椒打破了香料的传统定价模式。尽管辣椒看起来也很具有异域特征，但它并不娇贵，只需要投以适当

关注，保护其不受霜冻的影响，就基本可以在任何地方表现出自

己优秀的生长能力。

　　一些食物流行的背后明显有食物营养学的推波助澜。17 世纪时美国人对檫树的狂热就是其中一例。这种落叶树原产于加拿大到佛罗里达中部的东海岸地区，被认为具有丰富的食用和药用价值。它的根用于酿造传统的根汁汽水，叶子用来制作檫树精油茶（1960 年，美国食品和药物管理局 [FDA] 禁止将檫树精油茶作为商业产品生产销售，担心其精油可能致癌）。生活在路易斯安那州的克里奥尔人习惯在烹饪时将其作为一种调味的草药，特别是用来调制秋葵汤。它的叶子和花常会出现在各式各样的沙拉和腌肉配方里；而它干燥的根皮则能制成润肠通便的奎宁水。数世纪以来，美国南方各州的乔克托人（Choctaw）都离不开檫树根。他们将其烘干制成粉末，用于药物治疗或烹饪调味。对于白人定居者来说，檫树俨然是他们家庭食品储藏室和家庭药箱里的重要备用品。人们甚至一度误认为檫树制剂还能用来治疗梅毒。到 17 世纪时，檫树的受欢迎程度达到顶峰，成为弗吉尼亚州仅次于烟草的第二大最有利可图的经济作物。直到今天，檫树的烹饪地位仍然借菲莱粉（filé，将叶子晒干研磨成粉）的形式存在，加入秋葵汤中能增味增稠。歌手汉克·威廉姆斯（Hank Williams）在他 1952 年的歌曲 234
《什锦菜》（"Jambalaya [On The Bayou]"）中还提到了菲莱粉，如果不是因为他的这首歌，人们对檫树的狂热估计早就褪去了。

不知从 19 世纪末的哪一年起,牡蛎这种食物迎来了自己的历史转折点,它不再是穷人的食物,而成为富人阶层舌尖欲望清单上的美食之一。洛克菲勒牡蛎(Oysters Rockefeller)就是这一时期餐厅里的一道代表性菜肴,菜谱据说来自 1899 年新奥尔良安托万餐厅的一道秘方。洛克菲勒牡蛎涂上满满的绿色茴香和香草黄油,每一道褶皱里的油光都显示其身价多么不菲。然而回到维多利亚时代早期的伦敦,牡蛎这种食物跟奢侈毫不沾边。就像狄更斯的第一部小说《匹克威克外传》(The Pickwick Papers,1837)中的山姆·韦勒对他的雇主所说的那样:"'这是一个非常不寻常的情况,先生,'山姆说,'贫穷和牡蛎似乎总是相伴而行……一个地方越穷,人们对牡蛎的需求量就越大……平均每隔六个房子就能见到一个牡蛎摊,把街道两旁都排满了。有时我认识的某个男人生活尚可,但也能见他冲出住所,在极度的绝望中吃下牡蛎。'"[1]正是因为牡蛎消费曾经如此普遍,才为后来牡蛎成为大西洋两岸时尚潮流里的奢侈食物埋下了伏笔。当工业城市里涌进大量工人时,他们先吃掉了大部分牡蛎,随后工业废水污染的河流又消灭了牡蛎的另外一部分。由此牡蛎开始从唾手可得成为稀罕之物,想得到它们就得去往远离城市的天然原始的海洋里找寻。随之而来的是牡蛎身价的一涨再涨,以至于像安托万这样的餐馆都花心思为它们量身打造优雅高调的食谱,牡蛎从每天的日常食物摇身一变,成为富豪俱乐部餐桌上的特供点缀。

而辣椒运动完全是另一种运行逻辑。它与奢侈无关，和异国情调的关系也不大，这一点尤其体现在辣椒节上展出的大部分辣椒和辣椒品种上。它们很有可能来自本地，品种也并非十分罕见。即使最辣的辣椒，或许是一般市场上不太能看到的新品种，但对任何人来说，只要有栽培土，这些辣椒的种子就有可能成功种植。辣椒爱好者的痴迷似乎来自对某一特定口味的美食的热爱与通过食物寻求自我塑造的一种结合。得益于纽约辣酱博览会、每年在阿尔伯克基（美国新墨西哥州城市）举办的辛辣食品展以及英国一年到头大大小小各式辣椒节的共同推动，超级辣椒及其辣椒酱制品如今已成为一项大生意。在辣椒运动中，有着像高档红酒、专业工艺啤酒和高档威士忌市场流行的那种专业鉴赏力，也有着类似模型飞机俱乐部这样的小众爱好者的疯狂热情。在线上论坛和志同道合者的聚会上，参与者交换着初尝某种辣椒时的美妙滋味与弥足珍贵的体验瞬间。品尝辣椒、辣椒买卖、辣椒菜肴烹饪秀、吃辣比赛，还有常常伴随这一切活动的墨西哥背景音乐，油然共生出一种激情四射的氛围。辣椒运动里的这种激情远非小众团体的独乐，人们更喜欢将骄傲自豪的欢喜与外界分享。一开始辣椒运动主要集中在美国、英国和澳大利亚，如今斯堪的纳维亚人也加入进来。年度盛会里，芬兰和丹麦辣椒节就像是在北方的冰天雪地点燃了冬天里的一把火。

保罗·博斯兰（Paul Bosland）教授是新墨西哥大学辣椒研

236

究所的创始人和负责人，他强调了这场超级辣椒运动所具有的代表性。"我开始创办辣椒研究所时，"他在报道里说，"最经常被问到的一个问题是：'你认为辣椒热是昙花一现还是未来的一种趋势？'30年之后，我再也不会被问这类问题了。如今辣椒流行的原因之一是年轻人普遍喜欢吃辛辣的食物，他们已经接受了辣味美食文化。"[2]显而易见，辣椒往往是所有时代里的年轻人掀起的风潮，老一辈人可能会（也可能不会）随后接纳这种新趋势。吃辣可能带来的风险，以及难以预测的风险本身也满足了年轻人渴望新体验的猎奇之心。不过有趣的是，不同于死亡金属[*]，对辣味的体验并不会随着年龄增长而变得淡薄，因此，对辣椒的热爱一旦生根，就难以撼动。

同样，如今想要了解某种食物，无论关于哪个方面的知识，相关资源和获得的机会也在以前所未有的速度爆炸式增长。哪怕是一个对烹饪毫无兴趣的人，他所能接触到的美食文化资源，以及各个技术层面上可用的知识，都多得能组成一个军团。如今，每年出版的烹饪书籍数量超越了从往任何时代，比过去7个世纪的印刷食谱集加起来都要多。它们让普通城市的读者拥有了丰富程度前所未有的美食知识资源。如今，即使你从未参加过辣椒节或辣椒展，能接触到的关于这种或那种辣椒的热门话题的出版物和广播的数量也比前几代人要多得多。正如博斯兰所说："电视美

---

[*] 一种音乐形式。——译注

食节目的风靡，让更多的人了解辣椒，知道如何使用辣椒。"没有什么能比通过传媒包围下的耳濡目染，更能激起你想亲手实验一把的欲望了。辣椒运动正是借助大众媒体得到了特别广泛的传播。

南卡罗来纳州普客·布特公司的埃德·库里也赞同这一观点。"说实话，我不认为辣椒运动是'只能火上几年'的事情。就拿辣椒酱和萨尔萨酱来说，这些辣椒酱在 2004 年超过了番茄酱、芥末酱和蛋黄酱，成为美国数一数二的调味品。到了 2006 年，世界调味品市场也基本是类似的格局。我认为这说明媒体终于醒悟过来，开始聚焦那些新鲜和令人兴奋的话题了。CNN（美国有线电视新闻网）的一位制片人曾经告诉我，在 2011 年我做 PBS（一部关于库里的辣椒生意的电影，在电影里库里谈到他研发辣椒新品种，最早是为了研究辣椒的药用价值）之前，全国平均每年有两部关于辣椒的纪录片或报道。但从 2011 年起到今天，我已经因为辣椒上过 200 多次电视，被全世界上万家媒体采访过。现在关于辣椒医疗方面的报道铺天盖地，像 YouTube 等自媒体的流行更为此添了一把火，尤其是当互联网开始将流量广告变现以后。"[3] 媒体最热衷于追逐潮流，反过来又常常因为自身反复的报道而加重了潮流的趋势。一些已经赢得广泛的文化关注、铺天盖地的报道与分析的话题，很多时候从一开始就是媒体炒作起来的。当然，这不是说这种传播方式下的东西一定是荒谬或者不好的。虽然某种程度上来说有些泛滥，但它也可以是一种以迅速形成规范的规模传播品位的方式。在某些问题上，媒体所做的不过是选择了一个已经发生的事件，但是通过持续的关注和报道时固定的语境模式，将这个事件变成了一种新的现象。

库里的"辣椒运动"理论是正确的。在广播和印刷媒体开始广泛报道辣椒之前，辣椒酱、萨尔萨酱、辣椒粉和整颗辣椒贩卖的市场交易已经欣欣向荣，专业食品杂志上的文章和夹在版面中的食谱栏目也对辣椒市场做出了反馈。这反过来又诱导人们制作关于辣椒的视频，如制作辣椒酱的过程，用镜头记录下他们吃下辣椒时的面红耳赤、气喘吁吁和上吐下泻，以及——不止一次地——把自己浸泡在装满 100 升辣椒酱的浴缸里，被辣得鬼哭狼嚎。所有这些都被屏幕背后伸长脖子目瞪口呆的世界网民进行着围观和自我代入。因辣椒而生的热闹喧嚣已经促成了自我运转、人气兴旺的互联网商业、在线论坛，以及辣椒圈里独到的见解。因此，辣椒运动已经远远超越了人们对某类食物单纯的偏好，而转变成志同道合和技艺切磋的群体活动，是基于文化自我认同程度联合起来的共同社区。辣椒，正如我们将在下一章中更详细讨论的，不只是一种单纯的口味爱好，而且是一种公认的心理类型。

然而，任何一种食物热潮的背后都有一个决定性因素，大多数情况下，这个决定性因素会比其他因素更能决定食物的命运。当一种特定食物以初来乍到的新鲜面孔在市场上出现时，往往会被大力宣传成对健康大有裨益，于是人们会蜂拥而至，把它带回家。这样的食品营销传统在世界各地由来已久，特别是用在人们尚不熟悉的新奇食品上特别管用。如果一种新来的食物没有被人们视为危险的毒物，没有被看成懒散富人的奢侈消费，也不是来自世界某地未开化部落的野蛮口粮，那很有可能会被包装成健康的养生补品，甚至夸大成能使人长生不老的灵丹妙药。有时某种食物会经历以上好几种不同待遇，就像土豆在抵达欧洲之初时的经历一样。最开始，许多人认为土豆是一种有毒的果子，可能会造成麻风病或发热性致死。这些谬论一经散播，立即得到了诸如著名的法国百科全书派代表德尼·狄德罗（Denis Diderot）等权威人士的认可。狄德罗认为，土豆的口感平淡，煮熟以后更是会变成寡淡无味的淀粉，但对重体力劳动的农民来说可能已经足够。他们只要能有食物填饱肚子即可，至于食物呈现的样子是否精致无关紧要，也没人会介意吃完以后容易放屁这种事。在法国，土豆的营销活动由药剂师安托万－奥古斯丁·帕门蒂埃（Antoine-Augustin Parmentier）发起。18 世纪 70 年代，安托万为饥肠辘辘的巴黎人制作了土豆面包食谱。不过他也为土豆制作了上层社会也乐意享用的奢华菜式，于是土豆菜肴也成了法国料理里的一道主菜，就连本杰明·富兰克林也好这一口。帕门蒂埃还赠送了几束精致的紫红色土豆花给法国国王路易十六和王后玛丽，除此以外，他还安排了一个人假扮成武装警卫，在他自己栽种了土豆的花园四周巡卫，给众人营造出这种神秘的块茎植物值得挖掘的印象。

240

英国人认为土豆是天主教的食物象征，因此在 1688 年光荣革命以后，议会正式发布了土豆的禁制令，但土豆永远做好了能屈能伸，偷偷摸摸进入人们后厨的准备。在那个骚乱年代，在"反天主教"的举杯呐喊声中，又多了一样严厉的禁制令："不要土豆！"然而只过了一个世纪，英国厨师就又开始把土豆塞进烤箱，把它们捣碎，加入伦敦工业区工人的鳗鱼饭和馅饼里。19 世纪 40 年代，农作物结构单一的爱尔兰因为歉收而陷入饥荒，这时土豆的产量优势得以凸显。不过对于所有的欧洲饮食文化来说，它们普遍接纳土豆融入日常饮食的原因不光在于产量，还有它的营养价值。土豆的能量可以帮助体力劳动者撑过漫长工作日中痛苦的几个小时。它价格低廉，但能提供长时间的饱腹感。

如今人们声称辣椒的药用价值已经远远超过了以土豆为代表的任何食物。这些宣传的辣椒药用价值包括：它是一种能延年益寿，可以预防癌症、心脏病和糖尿病的食物；能促进脂肪燃烧，因此可以减肥；能降低高血压；降低有害胆固醇；促进细胞再生；缓解肠胃紊乱；抗菌消炎；让肌肤保持活力；缓解鼻窦充血；对抗偏头痛；以及日常生活中吃下去可以保持心情愉悦，行为积极主动，即使这些说法都尚未获得完全证实。食物养生疗法最早可以追溯到北美开拓期。在美国向西部推进的过程中，普通百姓的家庭生活状况举步维艰，任何听起来像是灵丹妙药的食物都能轻松获得一众拥趸。赤脚医生在他们的大篷车后面兜售"包治百病"的灵丹妙药，销售时还常常在人群中安插一位助手精心准

241

备，扮演"托儿"的角色，高呼着这种奇药如何治好了他们，让他们起死回生。由此他们的广告常常受到围观者的热烈响应，即使这些销售把戏被曝光，但人们的热情依旧不减。不难理解为什么直到今天，人们还期待着从他们的每日食物消费中找出一些能特别影响健康的食物，尽管如今的焦点可能已经从过去的专有配方转移到保健品公司的膳食补充剂上。膳食补充剂的瓶身上印着醒目的、代表各种食物天然成分的标签，通过简单的"吃"来一劳永逸地走上长命百岁的健康之路的愿望仍然一如既往地强烈，毕竟现代富裕国家里，冠心病、脑卒中和肥胖比以往任何时候都更加严重地困扰着民众。

当今世界进行的各种关于辣椒素的医疗潜力的研究常常振奋人心，但对此持一些保留意见也很重要。研究食用辣椒会给人体带来何种营养价值，应该建立在大多数人一次所能摄入的辣椒量的基础之上。而现实生活中，这个量其实并不多。无论是沙拉还是炒菜，加入其中的辣椒调料对一天中营养成分的摄入结构并不会造成很大影响。在第一部分关于中国辣椒文化的研究中，得出的结果相当乐观，但他们的研究对象来自那些几乎每天都以辣椒入菜或用辣椒调味的人群。即使世界范围内的人们对于超级辣椒酱的追捧热情已经像野火一样蔓延，但最专注的辣椒爱好者的平均辣椒消费也比不上不丹人、中国四川人、印度人和泰国人的平均日常消费量。对上述地区的居民而言，辣椒已经成为日常饮食如同盐一样不可或缺的存在。你可以每天服用一次辣椒素补充剂来达到集中补充营养的效果，但如果只是依靠日常饮食以及对辣味食物的一点热情，摄入量并不能达到补充营养和药物治疗的区间水平。一言以蔽之，如果你是一个严格的饮食记录爱好者，那么坚持记录每天的辣椒摄入量很有可能徒劳无功，即使人们给了你吃辣可以延长寿命、心情愉快和皮肤更好的种种承诺。

辣椒及其制品以一种诱人的方式，让自己的受众接受有益多方面健康的辣椒素。当然，对很多人来说，他们面临的问题是吃下辣椒以后，被侵袭的上颚会产生难以忍受的强烈灼伤，以及可能随之而来的消化系统问题，有些人从来就没有习惯过这些吃辣的副作用。由此倒是引出了重要的一点，那就是辣椒在西方国家已经成为一种特殊的表达个体心理和情感的方式。喜欢吃辣椒不仅是一种食物偏好，而且是一种可以标榜的成就，这似乎与辣椒的健康理念背道而驰。

同时，基于食物剂量的怀疑主义往往是对铺天盖地的食物健康论的有力反击。蛇油从来不会延长任何人的寿命，但均衡而认真的营养摄入可以。凡事要尽量往好处看。比如说，1916 年5 月，罗得岛的联邦检察官对普罗维登斯的牛仔克拉克·斯坦利（Clark Stanley）公布了一项法律裁决。斯坦利自称"响尾蛇王"（Rattlesnake King），以靠自行制作和销售蛇油药膏为生。他声称自己的药膏可以减轻疼痛、跛足，缓解风湿、神经痛、坐骨神经痛、喉咙痛和牙痛等症状，还可以用作解毒剂，治疗来自动物、昆虫和爬行动物的有毒叮咬，缓解刺痛——所有这些只需50

美分就能购买到一瓶。化学研究所受地区法院委托,对斯坦利产品的样品进行了分析,最终结论是他的蛇油里不含任何蛇源性产品。被告认罪,并缴纳了 20 美元的罚款。蛇油是否具有医疗价值并不重要。当然斯坦利的蛇油也根本不是他所吹嘘的蛇油,其实只是在石蜡的基础上加了一点牛脂肪、少量樟脑和松节油混合而成,这也许就是为什么他的药膏闻起来带有一点药草香味。除此以外,他所谓的蛇油里还有辣椒。[4] 这或许帮助蛇油恢复了名誉,此前它一直被视作江湖医生的象征,是从庸医到跨国零售商等形形色色的行骗者的惯用伎俩。但斯坦利的膏药配方与现代辣椒素乳膏十分相近。

15

男子汉食品

辣椒如何成为一件"男人的事"

超级辣椒运动的兴起，以及争相培育超级辣椒竞争的白热化，无疑证明了男性群体对辣椒味道的偏爱。没有多少传统文化能够经久不衰，在21世纪还能继续赢得人们的认可和追捧，但辣椒文化是个例外。辣椒信徒们不断挑战着彼此，吃下那些让人心惊胆战的热辣食物。虽然有过各种辣椒与性之间神乎其神的传闻，但如果真的吃下辣度超标的辣椒，食用者会在很长一段时间内几乎无法进行任何活动。正如英国作家拉迪亚德·吉卜林（Rudyard Kipling）《如果》（*If*）中的话来说："在众人都吃下一碗灼热的得克萨斯红辣椒以后，如果所有人都被辣得失去理智，开始咒骂，开始猛灌牛奶解救自己，而你仍能保持头脑清醒，那么你就是顶天立地的男子汉了，我的孩子!"*

　　从某种意义上来说，通过吃辣让自己成为"男子汉"这件事不足为奇。吃辣椒的行为本身有点不顾一切的意思，在旁人眼里或许像是男子汉气概十足的举动。毕竟吃辣也会有不小的风险。对于一些辣椒比赛的参与者来说，吃辣带来的后续身体反应谈不上什么乐趣。呕吐可能仅仅是一个开始。如果把诸如食道急性炎症等潜在危险考虑进去，吃辣的危险指数可以与那些肆无忌惮追求刺激、置生命安危于不顾的极限运动相提并论。现役军人常冒着生命危险在作战区或环境动荡的地区执行任务，但这种冒险是必要且值得的。甘愿承担毫无意义的风险和我们平常所说的勇气似乎不是一个层面的事情，在有些人看来，拼死吃辣不过是匹夫之勇。死撑着的辣椒挑战者在危险面前露出微笑。他已经准备好接受辣椒素带给他的任何痛苦，并立志把这些痛苦撑过去以后，将自己的英勇事迹大肆宣扬——当然，这至少得等到他口腔里的软组织从辣椒的拷打中平静下来，能够再次发表长篇大论。在每一个辣椒狂热者的胸膛里，都跳动着一颗超胆侠的心脏。

　　有关吃辣第二个重要的方面是竞争。光向别人展示你能吞下一根卡罗来纳死神辣椒还远远不够。你必须还得比其他人吃

---

* 原诗为:"If you can keep your head when all about you are losing theirs and blaming it on you...you'll be a man, my son!"（如果所有人都失去理智，咒骂你，你仍能保持头脑清醒……那么，你就是顶天立地的男子汉了，我的孩子!）——译注

得更快、吃得更多，当其他人都打退堂鼓的时候最好迎难而上。所有关于勇气挑战的活动，自始至终都少不了去衡量谁敢冒最大的风险，谁能坚持最久。在英国，去印度餐馆吃饭的年轻人就常常进行类似的挑战。这项活动开始的时间通常在晚餐时段，喝完啤酒以后，大家会不约而同地根据餐馆菜肴的火辣程度进行分级挑战。从几乎没有什么辣味的奶油咖喱肉（creamy korma）这道菜开始，接着是略带辣味的咖喱番茄炖肉（rogan josh）和马德拉斯咖喱菜（Madras），再上升到让人有点辣得坐立不安的辛辣咖喱肉——这些菜肴的烹饪方式就好像不是为了美食而生，反而是为了那些想要修炼自己辣度级别再上一层楼的人特意量身打造的。吃辛辣咖喱肉这道菜时，至少有一半的乐趣在于你会收获周围那些连酸橙酱都难以应付的人发出的敬畏而又战栗的感叹。如今的辣椒比赛也是如此。没有什么能比你在吃一些全身心享受的食物的同时，围观的人为你有勇气吃它而竖起大拇指的那种感觉更让人飘飘然的了。如果这项活动结束时能颁个奖杯或者证书什么的，那简直堪称完美。

除了冒险和竞争因素，还有一些关于吃辣的不能称之为原因的原因，这点对男性尤其适用。即使辣椒具有极高的营养价值，但越吃越辣在营养学上并没有什么特别的好处。那些特别辣的辣椒所含有的营养成分能很容易地在其他食物中找到，或者在没那么辣的辣椒里也能获得。吃辣椒有一个非功能性的原因，说起来竟有点伟大。为什么要吃那些极辣的辣椒呢？这个问题让人回想起英国探险家乔治·马洛里（George Mallory）1923年在接受《纽约时报》采访时做出的著名回答。采访的题目掷地有声，题为"攀登珠穆朗玛峰是超人的工作"。为什么要攀登世界最高峰呢？"因为它就在那里。"马洛里回答道。[1]第二年，在又一次攀登珠峰的过程中，马洛里永远地躺在了它北面的山谷里。尽管第一个吃螃蟹或凭借冒险行为勇夺勋章的个体令人钦佩，但就危险活动本身的意义而言，无谓的冒险并不会带来什么实质性的好处，也完全没有必要。冒险这个词自带让人血脉偾张的属性，所以，它存在的理由完全是自我辩解式的。吉尼斯世界纪录里每一条有关超级辣椒的新条目，都撩拨着执着的辣椒狂热者跃跃欲试的挑战之心。

　　当然，从吃辣竞赛的种种因素来看，在参赛准入方面完全男女平等。特别是吃辣活动中最需要的核心品质——自我牺牲，在女性的日常生活中也并不算是什么新鲜事物。无论是需要勇气迎接挑战的环境，还是充满竞争的体育运动领域，女性都不断脱颖而出，从不亚于男性。然而这场热火朝天的辣椒运动却是以男性为主导，那么背后一定有其特殊原因。其中最明显的一点或许来自进化心理学和社会文化期望的混合作用。纵观整个人类历史，男性的竞争心理、冒险行为，哪怕是无缘无故的冒险之举都是被鼓励的。从原始社会起，通过竞争与冒险的行为，猎手群体之间会建立起有效的等级制度，竞争与冒险的行为也有助于他们提高作为社会群体的生存概率。除此以外，竞争也是决定谁在族群中能掌握更多繁殖权的好办法。身体最强壮的人很有可能也是最勇敢的，并且更有可能生育出更强壮的后代保证种族的繁衍生息。这些法则在自然界仍然随处可见，而人类尽管很久以前就与地球上所有其他物种分道扬镳，走向了更复杂的社会性和文化性的道路，不再受制于自然的支配，但古老的遗传印记仍留在身体深处，难以磨灭。到了战后时代，虽然性平等主义者做出了重重努力，但既定的性别原型论仍然根深蒂固，难以摧毁。来自男性方面的抵抗尤为激烈，因为从传统的男性视角来看，既定的性别差异论仍能给他们带来不少好处。

两性对于吃辣竞赛热情程度迥异的另一个原因，落在有关两性的疼痛忍耐力究竟有何差别这一永恒的争论上。难道是因为男性比女性对像辣椒灼伤这样的疼痛忍耐力更高，所以超级辣椒狂热者中男性占比更多？尽管在人们的普遍印象中，分娩之痛的磨炼让女性比男性更擅长面对和忍耐疼痛，还由此衍生出了一些笑话，比如男性对日常生活中一些身体上的小毛病紧张过敏、神经兮兮。不过实验的证据却常常指向相反的情况。忍耐疼痛的能力高低有两个决定性因素：感受疼痛的阈值和对疼痛的耐受性。在目前的实验条件下，想要准确测量疼痛阈值仍然比较困难，因为疼痛阈值的确定主要依赖于被测个体对疼痛的主观感受和回应。在这种情况下，社会文化的压力很可能会迫使男性为了体现自己的男子汉气概，尽量地表现出能够忍受疼痛的风度。这就又引出了另外一个问题，即假装的行为是否真的有助于你忍受痛苦？绕过以上一切主观性的唯一方法，是额外加入一个动机因素，佛罗里达大学的一个团队在 2017 年就进行了类似的实验。研究人员要求受试者将一只手放在装有冰和水的容器中，保持 5 分钟以上。如果他们能成功保持 5 分钟不动，会得到 1 美元的奖励，时间越长，奖励越多有人得到了 20 美元的奖励。对于女性测试者们来说，额外的现金激励没有带来什么不同的测试结果，但在男性测试者这边，同样的冰水刺痛里，更多现金激励下的男性测试者显然比较少激励的男性保持了更长时间。实验结果似乎表明，即使是同一动机驱动下，女性的疼痛忍耐力也不如男性。不过这项研究的领队者罗杰·菲林吉姆（Roger Fillingim）博士也承认，这项实验也可能只说明，金钱对于女性来说并非正确的激励因素。[2]

　　女性对疼痛忍耐力在很大程度上受到雌激素的影响。这也就意味着月经周期中雌激素水平较低的时段里，她们对疼痛的忍耐力会相应提高。另外，注射了雌激素的雄性动物实验对象（这样的实验没有人类会愿意参与），显示出的疼痛忍耐力明显低于那些未经注射的雄性动物，而注射了睾酮素的雌性动物对疼痛的处理能力则变得更游刃有余；同样，被剥夺了雌激素的雌性在疼痛压力反应下的表现与雄性相当。雌激素在疼痛方面的作用可能不仅仅是对疼痛的敏感那么简单，而更有可能是第一时间提醒身体对疼痛的认知。这似乎解释了，为什么某些阿片类止痛药的药效在女性治疗上比男性更有效。两性身体对疼痛的反应区别，最终可能会带来针对不同性别的医疗止痛方案。[3]

超级辣椒培育者和辣酱生产商埃德·库里在和客户的一次面对面互动中，就吃辣竞赛中性别差异的情况发表了一些个人观点。在他看来，对辣椒辣度的忍耐力和吃辣竞赛的参与积极性是两码事。"我相信吃辣这件事与男子汉气概没什么关系。在我们顾客的性别构成里，女性顾客其实占到了60%。由于一些生理因素，她们常常比男性更能承受辣椒带来的灼热痛感。是的，我承认吃辣比赛是男人的事情，因为男人是自大的白痴，而女人不像我们这么白痴。但总的来说，对火辣辣感觉的热爱是不分性别的。"[4]

竞争激烈的吃辣竞技场上，满是那些被内心驱动着追求感官刺激的人。20世纪70年代以来，人们进行了大量的研究，试图搞清楚某些人类寻求刺激行为的背后动机究竟是什么。追求感官刺激（Sensation-Seeking, SS）的个体渴望着冲击力、新奇感、多样性和复杂性，为此不惜以个人乃至社会风险为代价。他们所参与的活动可能包括高强度的对抗类体育比赛、服用精神类药物、危险的性行为、危险的驾驶行为、致瘾的病态赌博行为，当然，还包括吃极端辣味食物的嗜好。这些行为的驱动力都来自同一个地方，即大脑反应的奖励机制，特别是那些会触发神经递质多巴胺释放的反应。多巴胺是让我们感觉良好的人体天然化学物质之一。炎热的天气里，喝上一杯冷水所带来的放松和愉悦感就是因为大脑奖励机制的作用。大脑的这种奖励机制会驱动个体去做一些对自身生命体有益的事情。然而，对一些人来说，想要触发大脑的奖励机制，只能通过比一般人更冒险的行为。对他们而言，一杯水只是一杯水，与坐过山车带来的愉悦感完全不能相提并论。想要获得冒险的快乐，得再加上一点悬挂式滑翔，之后在轮盘赌桌上大战一盘，最后以一场火辣辣的泰式料理盛宴结尾，这才像样。有趣的一点是，可能是由于他们体内触发多巴胺阈值的自然水平已经升高了，所以每一次的回归系统总是从一个更高的触发点开始。正如《脑行为研究杂志》（*Behavioral Brain Research*）2015 年发表的一篇论文里，作者阿格妮丝·诺伯里（Agnes Norbury）和马苏德·侯赛因（Masud Husein）所解释的那样，近期研究的证据表明："越追求感官刺激（SS）的个体，体内的内源性多巴胺水平越高，大脑奖励机制启动后多巴胺的反应也越强烈。"[5]

然而，这一切与性别又有什么关系呢？诺伯里和侯赛因指出，诸如安非他命和可卡因等能直接刺激多巴胺作用的物质，在一些人身上所起的反应比预期的正常精神影响要强烈得多。这就是为什么这些人会对精神药物孜孜以求的原因之一。不直接针对多巴胺反应的精神性物质，如止痛药、镇静剂和酒精，在这些人身上也能产生同样的效果。尽管兴奋剂等列入禁品的药物在女性体内触发的多巴胺水平高于男性，但男性多巴胺的释放与感官接受等认知效应之间似乎存在着更多的相关性。或许是因为男性体内存在睾酮，而睾酮的激素作用促进了多巴胺的体内传递。简而言之，也许女性能从刺激中获得更多的多巴胺，但男性的身体只需要一点多巴胺就能发挥作用。这就是仅体会到一种感觉和真正地享受美妙感觉之间的区别。当然，辣椒素不是安非他命这种药物，但和所有其他的刺激一样，最终都触发了多巴胺的释放。至少就目前研究结果而言，所有的兴奋、愉悦和感官满足感都与刺激反应之间正相关，尤其是男性。[6]

尽管如此，剑桥大学认知神经科学研究助理诺伯里仍提醒说，不要把感官的易感性强行与男性和女性之间的任何一种生理差异相提并论。"我们不能以问卷得分的差异来证明不同性别在生理或其他生物学上的差异，这毫无依据。如果要研究某种与生俱来的生物性不同，必须先把社会环境对青少年或成年人追求感官刺激的行为（比如吃辣椒）的性别差异化影响因素排除在外。"[7]
换句话说，任何人都不应忽视，吃辣比赛中的男性明显多于女性，是因为社会性别文化里默认女性的味觉更难以忍受辣味。不过，正如库里说过的颇有哲理的一句话："就像辣椒带给你的苦乐参半、笑中带泪一样，我们人生中所有美好的事情不都是如此吗？"

在我们试图解释为什么辣椒是更男性化的食物时，要谈到的最后一个原因比较特别，像是一种主观和难以验证的假设。那就是，很明显，男人更乐意去从事一些本质愚蠢的活动，愿意让自己看起来像个傻瓜。一个男人的傻瓜之旅也许会从大学时兄弟会组织的大冒险游戏开始，从那些愚蠢滑稽的游戏，到每一次危险升级的胆量挑战，再到每一次无聊且庸俗的恶作剧，最后以令人印象深刻的、夸张的浪漫姿态去追求"一生的挚爱"而结束，至此完成男人之旅的升华。最近有一种被称为"男性傻瓜理论"（Male Idiot Theory，简称 MIT）的准科学范式，认为在由于冒失举动导致的、本可以避免的意外死亡事件中，超过 90% 的事件当事人是男性。将超市购物车挂在火车后面企图搭便车回家，或者试着割断电梯的钢索偷走它——与此同时本人还站在电梯里，这两件蠢事只是男人在不见棺材不掉泪之前众多作死方式的一小部分。如果普通程度的冒险行为中存在既定的性别差异，那么当冒险行为的愚蠢和毫无意义上升到一定级别时，其中的性别差异就更加明显了。2014 年《英国医学杂志》发表的一篇关于 255 MIT 的论文中写道：

> 愚蠢的冒险，指的是那些毫无意义的冒险行为，行为所带来的回报可以明显忽略不计或零回报，但行为可能导致的结果往往却是极端负面，甚至是致命的。根据男性傻瓜理论，从数量众多的单纯寻求刺激行为、急诊科住院案例和死亡率的观察可以得出结论——男人是傻瓜，傻瓜做傻事。

酒精因素可能是导致这些骇人听闻的灾难行为的导火索之一，但并不是说男人喝酒喝得一定比女人多，而是在酒精作用下的男性可能会做出女性难以想象的蠢事。有一些由此产生的案例结果过于惨烈，蠢到让人笑不出来。例如三名男子在酒吧玩俄罗斯轮盘游戏，输了的人要猛灌烈酒，并且去踩一颗未爆炸的柬埔寨地雷。最后，地雷爆炸了，把这三个人连同酒吧一起崩上了天。在愚蠢行为中丧命的大部分人是默默离开了人间，然而其中一些人却被提名了达尔文奖。一般来说，达尔文奖在死后才能有资格获得，因为这个奖项的评选前提是，要颁给那些为了确保物种中最适者的生存，天生的傻瓜主动采取行动，将自己的基因从人类基因库中剔除出去的行为。这样看来，如此的冒险行为倒是有它别样的意义。2014年的达尔文奖提名者中，男性提名者占比达到88.7%，这一统计结果背后意味着什么，可以说是不言而喻。从某种程度上来说，外部因素也有可能带来不同性别的不同风险承担度。相较于女性，男性更有可能受雇于一些高风险职业，以及从事一些更激烈的身体对抗性运动，但正如《英国医学杂志》上这篇文章的作者所说的，外部因素也不能作为唯一的解释。"很早以前就有关于社会文化因素导致风险寻求行为差异性的报道，但追求风险刺激的行为在多大程度上可以归因于这种差异，尚无明确定论。"同时，对风险活动的类型做出分类也很重要。"有一类冒险行为——愚蠢的冒险——与对抗性高风险运动以及跳伞等极限运动行为有本质上的不同。"[8]

那么现在问题来了。吃辣的冒险行为该放在哪一类比较合适呢？挑战超级辣椒的冒险行为也能看作典型的男性傻瓜行为吗？《英国医学杂志》的论文合著作者本·伦德雷姆（Ben Lendrem）认为：

在超级辣椒比赛中，不可否认风险的存在，轻则呕吐，重则死亡。基于这是一项以男性为主导的活动，且存在以上所述的风险，我认为它可以归为"男性傻瓜行为"一类。当然你可以说，吃辣椒的冒险活动并不像达尔文奖获得者所做的那样愚蠢，至少赢了辣椒比赛的话，你能收获一些旁观者的称赞和敬意，或许还能得到奖金。但这也要因比赛而异。[9]

虽然全球范围内对辣椒烹饪口味的欣赏显然不分性别，但吃辣比赛则是另一番景象。如果存在明显的愚蠢风险，以及如士兵在战区所面临的随时随地的生命风险，那么在这两种风险之间，还存在着另外一种风险——冒这种风险虽然不是很有必要，但也有回报。虽然这种回报难以精确计量，但也算令人满意。于是在需要付出勇气的极限运动与《英国医学杂志》的作者所定义的愚蠢冒险行为之间，似乎有了一个交叉地带。2016 年，一位47 岁男子参加了一场吃辣椒比赛，在吃下臭名昭著的印度鬼椒后，他的食道被灼伤，留下了长达 1 英寸宽的伤口。他被送进医院，经过三个星期的住院治疗，终于侥幸救回一命。[10] 我并不想在这个特殊的案例中使用"男性傻瓜理论"这样严厉的评价，但鉴于该事件已经得到广泛的媒体报道，且未来许多类似身体状况的尝试者都有可能面临死亡的风险，不吸取前车之鉴、走上同样道路的男性，不是男性傻瓜理论的践行者又是什么？[10] 当然，无论你怎么说，总会有人去做傻事。哪里有对辣椒素的享受，哪里就会有不惜一切代价也要证明自己能忍受极限辣带来的痛苦和伤害的人，哪怕将因此成为达尔文奖的下一个提名者也在所不惜。

16
口味的全球同质化
吃辣能否拯救我们

人类的口味在后现代社会卷入了一场巨大的旋涡之中，由此发 258
生了剧烈演变。一方面，如今发达国家人们的日常饮食选择，
确实比历史上任何时期都要丰富多样。琳琅满目的风味选择，
势必会让这代年轻人的父母们感到眼花缭乱，甚至无所适从。
而如果再往前，回到这代人的祖父母时代，很多菜肴名称对他
们来说都闻所未闻。从中国菜到印度菜，从墨西哥菜到摩洛哥
菜，从希腊菜到泰国菜再到意大利菜，人们可以一天天不重样
地吃下去。即使这些异域菜肴中有很多只是以快餐或超市速食
的形式存在，但它们在最近几十年里已经或多或少地为人们所
熟悉和接受。不同民族风味或者已经分不清是来自哪种民族风
味的餐馆一直存在，但通常来说，它们不是口味形成的地方，
而是口味印象得以固定和加强的地方，在那些规格较高的餐厅

里尤其如此。

　　同时，尽管可供选择的口味在不断增加，彼此之间碰撞出一种微妙的差异感，但后现代口味演变的总体趋势是无情的同质化。也许你会看到墨西哥粽和芙蓉蛋（foo young），印度咖喱鸡（jalfrezi）和希腊牛肉（stifado），但占据国际饮食主流地位的是配料整齐划一的汉堡、薯条、比萨、炸鸡、三明治、玉米卷、甜甜圈、冰激凌和巧克力。这或许就是西方饮食文化的一种霸权式入侵，或多或少地殖民了地球上每一个地区的饮食文化。特别是在一些发展中国家，当地的年轻人很容易追随这种国际化的饮食潮流，将其看作一种奢侈的选择。本土化的饮食习惯逐渐边缘化，而那些带有地域特色的烹饪风格恰恰是一些对传统美食孜孜以求的西方人在刻苦自学的。法国是启蒙运动以来世界美食的大本营，而地球上最大的汉堡连锁店从登陆法国到实现其最广泛的欧洲渗透，所付出的代价也不过是朗格多克地区（法国某省）农民的一场短暂暴力抗议。食物渗透是一个重要的指征，不仅反映了人们口味的嬗变，也反映了时代文化的巨变。

　　理所当然的，美食作家或许会对这种状况唉声叹气，许多补偿性的饮食运动也如雨后春笋般涌现，意在抵消西方饮食文化的全球影响力。由此诞生了各种保护原产地食物的组织；本土膳食运动意味着只吃一些指定的受本地化保护的产品，或者只吃以居住地为半径，方圆几公里之内生长的食物；慢食运动的发起者则希望人们像其悠闲的祖先一样，花同样长的时间来吃饭和思考食物的意义；只吃随季节变化的时令食物，或者至少是有机食物；各种宣扬做减法的饮食主义则坚持不吃肉、鱼、乳制品、熟食、加工食品、固体食品，以及任何含有祖父母辈未曾听说过的配方食物，以那些我们石器时代祖先在史前非洲草原上勉强度日的方式，来尝试重新平衡地球生态与个人身体。所有这些努力，都是为了从以跨国公司方式运作的全球化饮食的束缚下逃离。然而，在全球化饮食席卷的背景下，世界大部分地区都已经束手就擒，反抗行动产生的影响微乎其微。实际情况是，从某种程度上来说，这些运动反而催生了挑衅般的反弹，比如所谓的脏食运动（dirty eating）和罪恶饮食运动（guilty eating）。举例来说，如果早餐时你只喝了一碗粥，或者只在三明治里加了一点胡萝卜屑，那么接下来你就可以随便吃各种美味汉堡、手撕烤肉和铺满馅料的比萨。

辣椒既是口味同质化大潮中的一员，又对同质化提出了挑战，辣椒的影响可以说是一种有益的发展趋势。从某种意义上说，辣椒融入全球饮食文化的趋势不可避免。辣味汉堡和辣味热狗出现在我们日常生活中已经有一些年头。辣椒已经渗入西方的饮食习惯，给平淡的日常食物带来火辣辣的别样滋味。墨西哥食物的热辣风味已经渗透得克萨斯式墨西哥料理和一些不起眼的快餐变种中。没有了辣椒，难以想象这些食物该怎么去 做。辣肉酱，无论它起源何方，从 19 世纪开始就已经成为一道美国佳肴；而比萨早已从那不勒斯摩尔人的聚集地出发，一路漂流，最后包罗万象，任何切片或碎块的馅料都可以撒在其上烤制。所有的比萨馅料中，辣椒一直是比较耀眼的选择。事实上，比起许多顶着菠萝之类水果的美式比萨，用意大利辣椒、樱桃番茄和布法罗莫泽雷干酪制作成的比萨明显更有历史。然而，很多倾向放入辣椒的菜肴，其意图不在于向历史致敬，而单纯是为了满足想让菜肴更辣一点的冲动。放辣椒的冲动本无可指责，但辣椒研究所的保罗·博斯兰提出的一个观点是："烹饪时使用辣椒的方式和使用盐同理。两者都可以增强一道菜的风味。但无论如何，辣味就像盐的咸味一样，过犹不及，放得太多反而会毁掉一道菜。"[1]浓缩的调味品是人们想要改变食物本身平淡味道时想到的第一个，也是最简单的一个办法。避免高盐的菜肴，在整个西方世界如今已经上升到健康管理的高度，但和高盐菜肴一起出现的，往往还有高辣度的菜肴。辣椒——无论是红椒粉、卡宴辣椒、普通辣椒粉还是辣椒酱，目的都是让菜肴更具火辣辣的灼热感。然而，博斯兰强调口味的平衡这一观点无疑是正确的。

辣椒运动的兴起表明，人们对辣味的追求有其更深层次的原因，或者更准确一点说，辣椒能给食用者的口腔乃至整个身体留下火辣的效应。辣椒，赋予了食物另一种功能。它不再只是简单地对味蕾的满足，感官的愉悦，它还会在短时间内改变身体，经由对身体强烈的刺激，改变进食者的精神状态。辣椒那火辣辣的燃烧感彻底颠倒了我们与食物的关系。在辣椒的作用下，人们不会吃得过饱，也难以像吃其他小吃一样，一边与朋友聊天或看电视，一边漫不经心地进食过多。辣椒的灼热感吸引进食者把注意力转移到自己身上。暴饮暴食辣椒是不可能的。你甚至都不能把它们当成点心来吃。一些其他口味的食物在进食过程中也可能会有类似的效果。比如对大多数人来说，尝起来特别酸的食物，比如泡菜、酸涩的柑橘类水果，或者任何回味带着苦涩的食物，比如苦瓜或朝鲜蓟，都很难一次吃很多。但这些食物的影响仅限于自身的味道，而辣椒对人类的影响已经突破了味觉。通过警告三叉神经系统身体某些脆弱的组织可能正遭受损害，从而使中枢神经触发一系列的交感反应，而正如我们前文所说的，这些反应不仅仅是嘴里灼烧的感觉。

辣椒上瘾论本来是一种科学猜测，但现在已经演变成一种大众普遍接受的食物理论。我们把辣椒上瘾论先放在一边，先来谈一谈西方社会追求辣味的其他原因。毕竟，从对辣椒这种食材的历史考察中我们发现，在整个非洲和亚洲地区，辣椒已经成为日常烹饪中必不可少的元素，并且难能可贵的是，亚非地区没有产生像英语世界国家里那种偏执的超级辣椒竞赛运动。西方种植培育越来越辣的辣椒品种，以及蓬勃发展的辣酱市场，似乎都正在回应另一种需求，一种在富裕社会似乎还坚守着自己个体底线的需求。

正如在第三部分开头一章中谈到的，对于那些坚持个性的人来说，辣椒最吸引他们的一点是禁忌的诱惑。今天社会普遍蔓

263

延着前所未有的健康焦虑氛围，其中的大部分焦虑都聚焦在食物的因果论上，对我们长期以来摄入的食物最终会对健康酿成恶果忧心忡忡。受饱和脂肪和反式脂肪、高盐、高糖、酒精滥饮伤害的病人已经挤满了发达国家的病房，我们也无须费太多力气就能找到一种食物影响健康的案例。如果这种食物在生活中没有被禁止，那么我们就要提高警惕。当然，在过度的养生医学里它会被禁止。在这样压抑的背景下，辣椒就构成了一种完全不同的禁忌食物，一种非常良性的禁忌。辣椒，最开始似乎是借由自己的自然属性来抗拒人类采食者，可人类最终克服了最初对辣椒的恐惧心理，继而把它变成了遍布世界的料理元素。这让执着的吃辣爱好者，尤其是那些超级辣椒的挑战者感觉到，他们是接过了前人的勇气棒，跨入最勇敢的人才敢涉足的未知食物领域。并且与吃下 32 盎司的西冷牛排来博得关注的方式相比，吃超级辣椒显然更有尊严。胡吃海塞只会让你的身体僵硬、消化系统发出抗议，而吃辣椒很可能会赢得围观者的赞叹，而不是厌恶的摇头。如果吃的时候小心一点，也不会给身体招致任何持久性的损害。

然而在有些人看来，辣椒对人们的吸引力或迟或早会逐渐消失。确实，辣椒并未像其他能改变情绪的药物一样，被列入禁止清单。除非你醉心于打破吃辣的新纪录，否则对于大部分人来说，辣椒只不过是饮食中一个稀松平常的存在。而辣椒的吸引力可能恰恰来源于这一点。难道不正是辣椒，点亮了我们平淡无奇又趋于同质化的饮食文化吗？过去的几个世纪里，对辣椒最热情的地区正是那些以平淡谷物为饮食基础、烹饪风格变化不大、自给自足饮食为常态的地区。辣椒的到来，把他们日复一日维持生存的食物变得生动诱人起来。而如今，这种模式已经颠覆了。西方的生活方式在过去几个世纪里通过工业化的进程，将自己的制度文化与经济模式扩张到其他国家。无论是遵循着朴素、虔诚饮食生活的国度，还是讲究精致烹饪和高级料理的地区，都无一例外地陷入了现代快节奏的快餐生活模式。人们对一成不变的单一饮食已经习以为常，是时候加入一些东西来激发三餐的光彩了。在标准的菜谱上推陈出新是一个解决办法，于是就有了咖喱鸡比萨和泰式花生酱汉堡，但即使变换搭配，排列组合的数量也有限，绞尽脑汁的创新，保不准还会出现一些糟糕的新品。而把一切菜肴都开发出一个"辣味版"倒是行之有效的解决途径，不用源源不断地创造出新菜式，而且这一招每次都很管用。无论你过去曾经吃过多少回辣味肉丸，每次品尝时，第一口那麻辣辣的滋味仍然会给你的感官带来震撼。

265

人们从辣椒身上得到的体验，几乎从未从其他食物那里获得过，即使是在年度的大胃王挑战赛上也是如此。吃辣椒是个体自我定义的一种方式，而自我定义一直是生活在矛盾重重的后现代社会的人们按捺不住的冲动之一。在纷繁复杂的味觉世界里，人们渴望着新的感官刺激，不管是什么样的都好，而辣椒就恰到好处地填补了这一点。辣椒已经成为拯救现代生活的英雄，是现代人断裂、扭曲生存状态的一剂解药。如果要解决全球化影响下各国饮食同质化的问题，关键是从全球化本身出发，那么辣椒，这种世界种植最为广泛，年产量约 2500 万吨，堪称卓越的全球化香料作物和调味配料，可能就是拯救人类味觉趋于同质和平庸的灵丹妙药。

这一切最突出的一点，取决于你站在哪种文化的视角来看待辣椒。当几乎所有的食物都被期望有辣味款时，类似印度这样的南亚以及东南亚的大部分地区里，吃辣几乎就是"吃"这个含义的一部分。而在不丹妇女看来，没有辣椒的食物寡淡透顶，吃了和没吃一样。当然，吃辣仍然是一种选择，但却是一种越来越普遍的选择。在经济占据主导地位的西方世界里，辣椒在美食界的地位仍然固化为一种美食体验的形式。确实，也正是凭借着这一点，它为自己找到了一群狂热的忠实拥趸。这些辣椒信徒在辣椒素的天堂里，不知疲倦地追寻着下一次终生难忘的辣椒邂逅。在这种情况下，辣椒看起来已经成为一种通过辣味来凸显食物的技巧，从而在更高的层次上创造出了食物口味的另一种统一。有一种备受争议的观点认为，到了今天，西方那种平淡无奇的垃圾食品已经产生了好几代被动、萎靡的消费者。这些消费人群对曾经的灿烂文化或是周围环境状况漠不关心。而实际情况可能只会更糟。催眠式的垃圾文化、无脑的泛娱乐化媒体以及流水线般打造的所谓明星已经包围了现代人的精神世界，与之相配的物质食粮也是流水线生产的、毫无特色的快餐。如果辣椒是突破这一切的解药，从某种意义上说，辣椒自身也已经被现代社会解构了；但从另一方面来说，它给重复的同质化的饮食带来了一些化学反应。通过给食物加上一丝或大量的辛辣感，辣味食物提醒着进食者，他们正在品尝美食，而不是机械地摄取能量。辣椒改变了现代人与食物之间暴饮暴食的关系。一个贪吃的人会不停地胡吃海塞，直到自己的胃被填满到一片薯片也难以下咽，但他绝对不会对辣椒暴食一番——在他的胃被撑爆以前，口腔的灼热感早就让他举旗投降了。

回到个人层面，吃很辣的食物是否会刺激生物体产生明显的负面体验是研究的关键。2013 年 7 月，保罗·罗津和他的心理学研究团队在《判断与决策》（*Judgment and Decision Making*）杂志上发表了一篇相关报告。围绕罗津提出的"良性受虐理论"（benign masochism）这个主题，团队进行了一系列调查，实验场景包含了散发着刺鼻臭味的奶酪、惊险刺激的游乐场、疼痛的深度按摩以及食用辛辣辣椒等一系列会给人们带来负面体验的触发因素。从人类文化历史上来说，对引发负面情绪事件的喜好是后天习得的，历史至少与希腊古典悲剧一样悠久。直到今天，这种偏好仍然大行其道：人们喜欢对着电视里的情感节目流眼泪，把自己的情绪交付给悲伤的曲子，在电视选秀节目的参赛者被淘汰时感同身受，像被抛弃了似的泣不成声。还有很多人享受速度与激情，迷恋过山车天旋地转时那种好似命悬一线（实则安全）的快感。在味道带来的"受虐狂"方面，辛辣和苦味食物都有自己的信徒。未经巴氏杀菌的软奶酪或蓝奶酪、发酵的鲱鱼和中国皮蛋都有其狂热爱好者。习惯性暴露的程度和"良性受虐理论"发生的文化背景对这些倾向有很强的作用，正如作者所认为的："我们相信，墨西哥人比美国人更能享受辛辣的辣椒，对辣味的承受能力也更强。"[2]

我们所能观察到的是，那些吃着极辣食物的消费者其实对辣椒引起的身体反应机制十分享受，因为他们内心十分清楚，辣椒带来的灼烧感并非真的会给身体带来损伤。在享受和难以忍受的辣度中间有一个临界点，可能超过一两个 SHU 单位，快乐就会转为痛苦。但探索极限的过程，在身体承受底线的范围内去尝试和展示，能让辣椒挑战者达到"良性受虐理论"的最佳阈值。当然，并不是所有的负面反应都有令人愉悦的潜力。罗津及其团队指出，身体上的眩晕感和恶心感就明显不能转化为快感。我们可能会补充说，无聊也不能，即使我们大多数人可能已经被迫在日复一日的庸常生活中培养出对无聊的忍耐力。

罗津和他的同事们也指出，"良性受虐理论"发生在感知到的危险和实际会发生的威胁之间的临界点上。"良性受虐狂指的是身体（大脑）将外在感知错误解释为威胁所带来的负面体验。而大脑意识到并不存在真正的危险，只是身体被愚弄了，由此产生了思想高于身体的愉悦。"[3]换言之，我们知道辣椒酱实际上并不会灼伤我们的嘴巴，而正是这种常识让我们得以享受辣椒好像正朝我们嘴里点火的感觉。知识理性的力量已经超越了被欺骗的感性身体。毫无疑问，在参与本文实验研究的受访者中，那些对辛辣食物充满热情的人就是以上这种情况。而对于那些被辣椒素猛烈攻击，又不相信他们的身体器官实际上不会因这种攻击而受到损害的人来说，吃辣的享乐逆转时刻不会到来。辛辣的食物永远不会给他们带来快乐。然而除此之外，关于这个问题的核心，我怀疑还有一个更深层次的原因。这个原因让辣椒上瘾的探索话题变得更为有趣。许多人享受受虐的经历，并不是因为他们喜欢一切尽在掌控的感觉，而是因为他们觉得自己在某种程度上配得上这些掌控力。他们是自己内在情绪的外部控制器，正如奥弗·祖尔（Ofer Zur）2008 年发表的一篇论文里，关于受害者心理类型做出的经典定义："受害者常常怀有自我无效感，感觉自己没有影响周围的环境或生活。与此同时，受害者很可能将其行为的结果归因于周围情境或外部力量，而不是自身内部的动力倾向。"只要成为受害者的利大于弊，那么这样的人就会坚持一些典型的行为，比如感觉"被同情或怜悯的权利，缺乏责任或责任能力，缺乏正义，甚至因为已经受到惩罚于是自我宽慰"[4]。所以那些喜欢极端辣食的人，特别是紧跟着每一个超级辣椒研发进行尝试，一步步把自己推向史高维尔辣度表顶端的人，实际上是为了一些说不清道不明的原因在惩罚自己。如果催人泪下的电视剧代替现实生活中被推向边缘的人（这些人很可能构成了当代社会的主体）讲述出他们内心的煎熬，那么让人受伤的辣椒食物就是在向消费者表明，同质化的美食让他们变得被动。它是对西方人脱离理性和自然营养原则的复仇。总的来说，吃辣不光是不丹人或纳瓦特尔墨西哥人的体验，当汉堡和比萨统治世界时，情况也可能变得如此。

辣椒经历了非比寻常的文化之旅。从生长在美洲热带原始灌木丛中的一株野生植物出发，搭乘 16 世纪欧洲殖民国家触及各大洲的船只，直到在全世界成为一个巨大的市场，最后成为工业化生产下，第一世界零售货架上那些五花八门的辣椒调味制品。辣椒将自己鲜明的特色赋予地球各个角落的美食，给那些饮食单调、口味平淡的地区带来了诱人滋味和丰富营养，还产生了人类食物历史上一种复杂、奇特的嗜辣潮流。对于一个最开始只想告诉人类它不想被吃掉的小水果来说，这是一个相当不错的结局。

致 谢

近年来，有关辣椒的最新研究已经扩展到多个学科领域，也正因如此，我在撰写本书的过程中与众多领域的顶尖人士不断交流，获益良多。从目前的趋势来看，辣椒作为一个研究主题会继续深入，未来涉及的领域会更出人意料，让我们感到吃惊。新开拓的领域会使我们清楚地认识到在这个令人头疼的世纪里，我们与食物的关系如何，在这一点上我们积极的思考应永不停歇。也许是因为在撰写本书过程中所做的工作，我做的辣肉酱已经逐渐成为自己的一道拿手好菜。

在此，我要特别感谢以下人士与我慷慨地分享他们的研究和想法：新墨西哥大学辣椒研究所的保罗·博斯兰博士；英国最大的辣椒协会克里夫顿辣椒俱乐部的辣椒爱好者达夫（Dave）；南卡罗来纳州米尔堡普客·布特公司的辣椒培育员埃德·库里；得克萨斯大学奥斯汀分校历史研究所的食物历史学家雷切尔·劳丹；"男性傻瓜理论"领域直言不讳的研究员本·伦德雷姆；剑桥大学认知神经科学研究助理阿格妮丝·诺伯里博士；宾夕法尼亚大学心理学系的保罗·罗津教授，他在人类感觉和情感心理学方面的跨学科研究，对当今世界极富启发性；以及得克萨斯州集食品历史学家、餐馆老板、辣椒权威人士等诸多身份于一身的罗布·沃尔什。

从指导编辑大纲到分享写作素材，再到关于整个书稿项目的最初灵感，我还想向我的编辑丹妮拉·拉普（Daniela Rapp）所做的一切致以谢意，感谢她对手稿的严谨审阅与批注。同样，还要感谢我的另外两个编辑瑞安·哈林顿（Ryan Harrington）和卢卡斯·亨特（Lucas Hunt）。

我也要感谢我的家人、朋友和周围所有人在我写作本书的过程中给予的支持，特别是胡曼·巴雷卡特（Houman Barekat）、伊丽莎白·加纳（Elizabeth Garner）、罗谢尔·维纳布尔斯（Rochelle Venables）、希拉·沃尔顿（Sheila Walton）和蒂姆·温特（Tim Winter）。

注 释

导 言

1. 2017年，由迈克·史密斯在威尔士培育的新品种龙息辣椒，据说在辣
   度上已经超过了卡罗来纳死神。不过在龙息辣椒的辣度获得官方认证
   之前，死神辣椒的培育者埃德·库里宣布，他手上又有了一种新辣
   椒，辣度是死神辣椒的两倍。库里将其命名为神秘的"Pepper X"，并
   正在等待吉尼斯世界纪录对新辣椒的认证。

2. Steven Leckart, "In Search of the World's Spiciest Pepper", *Maxim*, October
   29, 2013, maxim.com/entertainment/search-worlds-spiciest-pepper.

3. Thomas J. Ibach, "The *Temascal* and Humoral Medicine in Santa Cruz
   Mixtepec, Juxtlahuaca, Oaxaca, Mexico." Master's thesis, University of
   Tennessee, 1981.

4. Zeynep Yenisey, "Hot and Spicy Condoms Now Exist, and We're Really
   Not Sure Why," *Maxim*, August 9, 2017, maxim.com/maxim-man/spicy-
   condoms-2017-8.

1 我们最爱的香料

1. Joshua J. Tewksbury et al., "Evolutionary Ecology of Pungency in Wild
   Chilies," *PNAS*, August 19, 2008, pnas.org/content/105/33/11808.full.

2. Jun Lu, Lu Qi, et al., "Consumption of Spicy Foods and Total and Cause

Specific Mortality," *BMJ*, August 4, 2015, bmj.com/content/351/bmj. h3942.

3. Parvati Shallow,"Chili Peppers May Fire Up Weight Loss," CBS News, February 9, 2015, cbsnews.com/news/chili-peppers-may-fire-up-weight-loss/.

4. Heather Lyu et al., "Overtreatment in the United States," *PLOS ONE*, September 6, 2017, journals.plos.org/plosone/article?id=10.1371/journal. pone.0135892.

5. Yin Tong Liang et al., "Capsaicinoids Lower Plasma Cholesterol and Improve Endothelial Function in Hamsters," *European Journal of Nutrition*, March 31, 2012, link.springer.com/article/10.1007%2Fs00394-012-0344-2.

6. Mustafa Chopan and Benjamin Littenberg, "The Association of Hot Red Chili Pepper Consumption and Mortality," *PLOS ONE*, January 9, 2017, journals.plos.org/plosone/article?id=10.1371/journal.pone.0169876.

7. Ann M. Bode and Zigang Dong, "The Two Faces of Capsaicin," *Cancer Research*, April 2011, cacerres.aacrjournals.org/content/71/8/2809.

8. A. Akagiz et al., "Non-carcinogenicity of Capsaicinoids in B6C3F1 Mice," *Food and Chemical Toxicology*, sciencedirect.com/science/article/pii/ S0278691598000775.

3 美洲辣椒

1. Bruce D. Smith, "Reassessing Coxcatlan Cave and the Early History of Domesticated Plants in Mesoamerica," *PNAS*, July 5, 2005, www.pnas.org/ content/102/27/9438.

2. Linda Perry and Kent V. Flannery, "Precolumbian Use of Chili Peppers in the Valley of Oaxaca, Mexico," *PNAS*, July 17, 2007, pnas.org/ content/104/29/11905.full.

3. Cited in Andrew Dalby, *Dangerous Tastes: The Story of Spices* (Berkeley: University of California Press, 2000), p. 149 (translation modified).

4　三艘船扬帆起航

1. Translated by A. M. Fernandez de Ybarra, New York, 1906, available at ncbi.nlm.nih.gov/pmc/articles/PMC1692411/pdf/medlibhistj00007-0022. pdf.

2. Translated by A. M. Fernandez de Ybarra, New York, 1906, available at repository.si.edu/bitstream/handle/10088/26153/SMC_48_Chanca%28Tr. Ybarra%29_1907_27_428-457.pdf?sequence=1&isAllowed=y.

3. Jack Turner, *Spice: The History of a Temptation* (London:Harper Perennial, 2005), p. 49.

4. Translated by Richard Eden, cited in Jean Andrews, *Peppers: The Domesticated Capsicums* (Austin:University of Texas Press, 1995), p. 4.

5. Lizzie Collingham, *Curry:A Tale of Cooks and Conquerors* (London:Vintage, 2006), p. 50.

5　烈焰的足迹

1. Angela Garbes, *The Everything Hot Sauce Book* (Avon Mass.: Adams Media, 2012), p. 6.

2. W. H. Eshbaugh, "The Genus *Capsicum* (Solanaceae) in Africa," *Bothalia* 14, 3& 4, 1983, pp. 845-48.

3. Rachel Laudan, *Cuisine and Empire: Cooking in World History* (Berkeley: University of California Press, 2013), p. 202.

4. Heather Arndt Anderson, *Chillies: A Global History* (London: Reaktion Books, 2016), p. 69.

5. Gayatri Parameswaran, "Bhutan's Tears of Joy Over Chillies," September 9, 2012, aljazeera.com/indepth/features/2012/09/201299102918142658.html.

6 "色红，甚可观"

1. E. N. Anderson, *The Food of China* (New Haven, Conn.: Yale University Press, 1988), p. xx.

2. Charles Perry, "Middle Eastern Food History," in Paul Freedman, Joyce E. Chaplin, and Ken Albala, *Food in Time and Place: The American Historical Association Companion to Food History* (Oakland: University of California Press, 2014), pp. 107-19.

3. Ho Ping-ti, "The Introduction of American Food Plants into China," *American Anthropologist* 57:2 (May 1955), pp. 191-201.

4. Caroline Reeves, "How the Chili Pepper Got to China," *World History Bulletin* XXIV:1, (Spring 2008), pp. 18-19.

5. Yang Xuanzhang and Li Piao, translated by Nick Angiers, "Hot Peppers in China," *China Scenic*, 2014, available at chinasce- nic.com/magazine/hot-peppers-in-china-273.htm.

7 从红辣椒酱到红辣椒粉

1. Ken Albala, *Eating Right in the Renaissance* (Berkeley: University of California Press), 2002, p. 240.

2. Cited in Amit Krishna De, ed., *Capsicum: The Genus Capsicum* (London and New York: Taylor and Francis), 2003, p. 147.

3. Joanne Sasvari, *Paprika: A Spicy Memoir from Hungary* (Toronto: CanWest Books, 2005), pp. 59-60.

4. Dave DeWitt, *Precious Cargo: How Foods from the Americas Changed the*

World (Berkeley, Calif.: Counterpoint, 2014), p. 86.

5. Changzoo Song, "Kimchi, Seaweed, and Seasoned Carrot in the Soviet Culinary Culture: The Spread of Korean Food in the Soviet Union and Korean Diaspora," *Journal of Ethnic Foods* 3:1 (March 2016), p. 80.

8 红碗与辣椒皇后

1. William Kitchiner, M.D., *The Cooks Oracle; and Housekeeper's Manual* (New York: J and J Harper, 1830). Available at archive.org/details/cooksoracleandh00kitcgoog.

2. "History," penderys.com/history.htm.

3. Laudan, p. 202.

4. Robb Walsh, *The Chili Cookbook* (New York: Ten Speed Press, 2015).

5. Rebecca Rupp, "To Bean or Not to Bean:Jumping into the Chili Debate," nationalgeographic.com, February 5, 2015, theplate.nationalgeographic.com/2015/02/05/the-great-chili-debate/.

6. Anderson, p. 41.

7. S. Compton Smith, *Chile con Carne; or, the Camp and the Field* (New York: Miller and Curtis, 1857), p. 99.

8. Andrew F. Smith, *Eating History: 30 Turning Points in the Making of American Cuisine* (New York: Columbia University Press, 2009), p. 50.

9. Charles Winterfield, "Adventures on the Frontiers of Texas and Mexico," *The American Whig Review*, 2:4 (October 1845), p. 368.

10. Francisco J. Santamaría, *Diccionario General de Americanismos* (Mexico City: Pedro Robredo, 1942).

11. Edward King, "Glimpses of Texas I: A Visit to San Antonio," in *Scribner's Monthly* (January 1874), pp. 306-308.

12. John Nova Lomax, "The Bloody San Antonio Origins of Chili Con Carne,"

August 10, 2017, texasmonthly.com/food/bloody-san-antonio-origins-chili-con-carne/.

9 辣椒酱

1. Cited in Denver Nicks, *Hot Sauce Nation: America's Burning Obsession* (Chicago Review Press, 2017), p. 44.

2. Jennifer Trainer Thompson, *Hot Sauce!* (North Adams, Mass.: Storey Publishing, 2012), pp. 15-16.

10 味觉与触觉

1. Pamela Dalton and Nadia Byrnes, "Psychology of Chemesthesis—Why Would Anyone Want to Be in Pain?," in Shane T. McDonald, David A. Bolliet and John E. Hayes, eds., *Chemesthesis: Chemical Touch in Food and Eating* (Oxford: Wiley-Blackwell, 2016), p. 25.

2. Paul Rozin, "Getting to Like the Burn of Chili Pepper: Biological, Psychological, and Cultural Perspectives," in Barry G. Green, J. Russell Mason, and Morley R. Kare, eds., *Chemical Senses Volume 2:Irritation* (New York and Basel: Marcel Dekker, 1990), p. 239.

3. Paul Rozin, "Preadaptation and the Puzzles and Properties of Pleasure," in Daniel Kahneman, Ed Diener, and Norbert Schwarz, *Well-Being: The Foundations of Hedonic Psychology* (New York: Russell Sage Foundation, 2003), p. 125.

4. Ibid., p. 127.

5. 保罗·罗津与作者的个人电子邮件，2017 年 12 月 10 日。

11 魔鬼的晚餐

1. Alan Davidson, ed., *The Oxford Companion to Food* (Oxford University Press, 1999), p. 248.

2. Charles Dickens, *David Copperfield* (London: Bradbury and Evans, 1850).

3. Eneas Sweetland Dallas, *Kettner's Book of the Table, a Manual of Cookery, Practical, Theoretical, Historical* (London: Dulau and Company, 1877), p. 157.

4. Ibid.

5. Charles Lever, *O'Malley, the Irish Dragoon*, Volume 2 (Tucson, Ariz.: Fireship Press, 2008), p. 134.

6. Edgar Allan Poe, *The Complete Works of Edgar Allan Poe, Vol. VII: Criticisms* (New York: Cosimo Classics, 2009), p. 265.

7. Anthony Trollope, *The Warden* (London:Longman, Brown, Green, and Longmans, 1855).

8. Lauren Collins, "Fire-Eaters," *The New Yorker*, November 4, 2013, newyorker.com/magazine/2013/11/04/fire-eaters.

9. nationalgeographic.com/travel/destinations/south-america/bolivia/bolivia-hot-sauce/.

10. Leigh Dayton, "Spicy Food Eaters Are Addicted to Pain," *New Scientist*, newscientist.com/article/mg13418172-800-science-spicy-food-eaters-are-addicted-to-pain/.

11. Stephanie Butler, "The Natural High of Intoxicating Foods," history.com/news/hungry-history/the-natural-high-of-intoxicating-food.

12. Earth Erowid and Fire Erowid, "Hot Chiles: Surfing the Burn," November 2004, erowid.org/plants/capsicum/capsicum_article1.shtml#fer.

13. fatalii.net/FG_ Jigsaw... boards.straightdope.com/sdmb/archive/index.php/t-248653.html... thehotpepper.com/topic/37166-best-tasting-superhot/.

14. Chris Kilham, "Hell Fire in Your Mouth," n.d., medicinehunter.com/psychoactives.

12 热辣尤物

1. "Spice It Up!" *Amy Reiley's Eat Something Sexy,* n.d., eatsome thingsexy. com/aphrodisiac-foods/chile-pepper/.

2. Maria Paz Moreno, *Madrid: A Culinary History* (Lanham Md.:Rowman & Littlefield, 2017), p. 45.

3. Turner, p. 215.

4. Sylvester Graham, *A Lecture to Young Men on Chastity* (Boston: GW Light, 1838), p. 47.

5. Laurent Bègue et al., "Some Like It Hot: Testosterone Predicts Laboratory Eating Behavior of Spicy Food," *Physiology and Behavior* 139 (1), February 2015, p. 375, available at re- searchgate.net/ publication/268978579_Some_like_it_hot_Testosterone_predicts_ laboratory_eating_behavior_of_spicy_food.

6. Waguih William IsHak, ed., *The Textbook of Clinical Sexual Medicine* (San Francisco: Springer, 2017), p. 417.

7. Rita Strakosha, "Modern Diet and Stress Cause Homosexuality: A Hypothesis and a Potential Therapy," April 9, 2017, psikolog1.wordpress. com/2017/04/09/modern-diet-and-stress-cause-homosexuality-a-hypothesis-and-a-potential-therapy/.

8. Andrews, p. 113.

9. John McQuaid, *Tasty: The Art and Science of What We Eat* (New York:Scribner, 2016), p. 176.

10. Bjeldbak, Gitte, Patent application: "Method for Attaining Erection of the Human Sexual Organs," September 8, 1998, google.com/patents/ US6039951.

11. M. Lazzeri et al., "Intraurethrally Infused Capsaicin Induces Penile Erection in Humans," *Scandinavian Journal of Urology and Nephrology*, 28 (4),

December 1994, pp. 409-12.

13 暴力对话

1. Frances F. Berdan and Patricia Rieff Anawalt, eds., *The Essential Codex Mendoza* (Berkeley: University of California Press, 1997), p. 123.

2. Ibid., p. 161.

14 超级英雄和辣椒狂徒

1. Charles Dickens, *The Pickwick Papers* (London: Chapman and Hall, 1837)

2. Paul Bosland, personal email correspondence with the author, November 30, 2017.

3. 埃德·库里与作者的个人电子邮件，2017 年 12 月 6 日。

4. Joe Nickell, "Peddling Snake Oil," *Skeptical Inquirer,* December 1998, csicop.org/sb/show/peddling_snake_oil.

15 男子汉食品

1. "Climbing Mount Everest Is Work for Supermen," *The New YorkTimes,* March 18, 1923.

2. Lee Dye, "Studies Suggest Men Handle Pain Better," April 17, 2016, ABCNews.com, abcnews.go.com/Technology/story?id=97662&page=1.

3. "Chronic Pain Conditions,"n.d., webmd.com/pain-management/chronic-pain-conditions#1.

4. 埃德·库里与作者的个人电子邮件，2017 年 12 月 6 日。

5. Agnes Norbury and Masud Husein, "Sensation-seeking: dopa- minergic

modulation and risk for psychopathology, *Behav- ioral Brain Research* 288, July 15, 2015, pp. 79-93.

6. Patricia Riccardi, David Zaid, et al., "Sex Differences in Amphetamine-Induced Displacement of Fallypride in Striatal and Extrastriatal Regions," *The American Journal of Psychia-try*, 1 September 2006, ajp.psychiatryonline.org/doi/full/10.1176/ajp.2006.163.9.1639.

7. 阿格妮丝·诺伯里博士与作者的个人电子邮件，2017 年 12 月 3 日。

8. Ben Lendrem et al., "The Darwin Awards: Sex Differences in Idiotic Behavior," *British Medical Journal*, December 11, 2014, bmj.com/content/349/bmj.g7094.

9. 本·伦德雷姆与作者的个人电子邮件，2017 年 11 月 29 日。

10. "Ghost Pepper-Eating Contest Leaves Man with a Hole in His Esophagus," CBSNews.com, October 18, 2016, cbsnews.com/news/ghost-pepper-sends-man-to-hospital-hole-in-esophagus/.

16 口味的全球同质化

1. 保罗·博斯兰与作者的个人电子邮件，2017 年 11 月 30 日。

2. Paul Rozin, Lily Guillot, Katrina Fincher, Alexander Rozin, and Eli Tsukayama, "Glad to Be Sad, and Other Examples of Benign Masochism," in *Judgment and Decision Making* 8:4, July 2013, pp. 439-447.

3. Ibid.

4. Ofer Zur, "Rethinking 'Don't Blame the Victim:' The Psychology of Victimhood," *Journal of Couples Therapy* 4: 3-4, October 2008, pp. 15-36, available at zurinstitute.com/victimhood.html.

参考文献

Albala, Ken. *Eating Right in the Renaissance*. Berkeley: University of California Press, 2002.

Anderson, E. N. *The Food of China*. New Haven, Conn.: Yale University Press, 1988.

Anderson, Heather Arndt. *Chillies: A Global History*. London: Reaktion Books, 2016.

Andrews, Jean. *Peppers: The Domesticated Capsicums*. Austin: University of Texas Press, 1995.

Berdan, Frances F., and Patricia Rieff Anawalt, eds. *The Essential Codex Mendoza*. Berkeley: University of California Press, 1997.

Campbell, James D. Mr. *Chilehead: Adventures in the Taste of Pain*. Toronto: ECW Press, 2003.

Collingham, Lizzie. *Curry: A Tale of Cooks and Conquerors*. London: Vintage, 2006.

Dalby, Andrew. *Dangerous Tastes: The Story of Spices*. Berkeley: University of California Press, 2000.

Dallas, Eneas Sweetland. *Kettner's Book of the Table: A Manual of Cookery, Practical, Theoretical, Historical*. London: Dulau and Company, 1877.

Davidson, Alan, ed. *The Oxford Companion to Food*. Oxford: Oxford University Press, 1999.

De, Amit Krishna. *Capsicum: The Genus Capsicum*. London and New York: Taylor and Francis, 2003.

DeWitt, Dave. *Precious Cargo: How Foods from the Americas Changed the World*. Berkeley, Calif.: Counterpoint Press, 2014.

DeWitt, Dave, and Paul W. Bosland. *The Complete Chile Pepper Book*. Portland Ore.: Timber Press, 2009.

Dickens, Charles. *David Copperfield*. London: Bradbury and Evans, 1850.

——. *The Pickwick Papers*. London: Chapman and Hall, 1837.

Floyd, David. *The Hot Book of Chillies*. London: New Holland, 2006.

Foster, Nelson, and Linda S. Cordell, eds. *Chilies to Chocolate: Food the Americas Gave the World*. Tucson: University of Arizona Press, 1992.

Freedman, Paul, Joyce E. Chaplin, and Ken Albala, eds. *Food in Time and Place: The American Historical Association Companion to Food History*. Oakland: University of California Press, 2014.

Garbes, Angela. *The Everything Hot Sauce Book*. Avon, Mass.: Adams Media, 2012.

Graham, Sylvester. *A Lecture to Young Men, on Chastity*. Boston: G. W. Light, 1838.

Green, Barry G., J. Russell Mason, and Morley R. Kare, eds. *Chemical Senses*, Volume 2: *Irritation*. New York and Basel: Marcel Dekker, 1990.

Hildebrand, Caz. *The Grammar of Spice*. London: Thames and Hudson, 2017.

IsHak, Waguih William, ed. *The Textbook of Clinical Sexual Medicine*. San Francisco: Springer, 2017.

Kahneman, Daniel, Ed Diener, and Norbert Schwarz, eds. *Well-Being: The Foundations of Hedonic Psychology*. New York: Russell Sage Foundation, 2003.

Keay, John. *The Spice Route: A History*. Berkeley: University of California Press, 2006.

Laudan, Rachel. *Cuisine and Empire: Cooking in World History*. Berkeley: University of California Press, 2013.

Lever, Charles. *O'Malley, the Irish Dragoon*, Volume 2. Tucson, Ariz: Fireship

Press, 2008.

May, Dan. *The Red Hot Chilli Cookbook*. London: Ryland Peters and Small, 2012.

McDonald, Shane T., David E. Bolliet, and John E. Hayes, eds. *Chemesthesis: Chemical Touch in Food and Eating*. Oxford: John Wiley and Sons, 2016.

McQuaid, John. *Tasty: The Art and Science of What We Eat*. New York: Scribner, 2016.

Moreno, Maria Paz. *Madrid: A Culinary History*. Lanham, Md.: Rowman & Littlefield, 2017.

Naj, Amal. *Peppers: A Story of Hot Pursuits*. New York: Alfred A. Knopf, 1992.

Nicks, Denver. *Hot Sauce Nation: America's Burning Obsession*. Chicago: Chicago Review Press, 2017.

Poe, Edgar Allan. *The Complete Works of Edgar Allan Poe*, Vol 7: *Criticisms*. New York: Cosimo Classics, 2009.

Santamaría, Francisco J. *Diccionario General de Americanismos*. Mexico City: Pedro Robledo, 1942.

Sasvari, Joanne. *Paprika: A Spicy Memoir from Hungary*. Toronto: CanWest Books, 2005.

Smith, Andrew F. *Eating History: 30 Turning Points in the Making of American Cuisine*. New York: Columbia University Press, 2009.

Smith, S. Compton, *Chili Con Carne: or, The Camp and the Field*. New York: Miller and Curtis, 1857.

Thompson, Jennifer Trainer. *Hot Sauce*! North Adams, Mass.: Storey Publishing, 2012.

Trollope, Anthony. *The Warden*. London: Longman, Brown, Green and Longmans, 1855.

Turner, Jack. *Spice: The History of a Temptation*. London: Harper Perennial, 2005.

Walsh, Robb. *The Chili Cookbook*. New York: Ten Speed Press, 2015.

Woellert, Dann. *The Authentic History of Cincinnati Chili*. Charleston, S.C.: The History Press, 2013.

索 引

（索引后页码为原书页码，即本书页边码）

C

H

图书在版编目 (CIP) 数据

魔鬼的晚餐：改变世界的辣椒和辣椒文化 / (英)
斯图尔特·沃尔顿著；艾栗斯译 . -- 北京：社会科学
文献出版社，2020.4（2022.2 重印）
　　书名原文：The Devil's Dinner: A Gastronomic
and Cultural History of Chili Peppers
　　ISBN 978-7-5201-6052-0

　　Ⅰ.①魔…　Ⅱ.①斯…②艾…　Ⅲ.①辣椒-饮食-
文化-世界　Ⅳ.① TS971.201

中国版本图书馆 CIP 数据核字（2020）第 014562 号

魔鬼的晚餐
改变世界的辣椒和辣椒文化

著　者 / 〔英〕斯图尔特·沃尔顿
译　者 / 艾栗斯

出 版 人 / 王利民
责任编辑 / 杨　轩
文稿编辑 / 王　雪
责任印制 / 王京美

出　　版 / 社会科学文献出版社·北京社科智库电子音像出版社（010）59367069
　　　　　 地址：北京市北三环中路甲29号院华龙大厦　邮编：100029
　　　　　 网址：www.ssap.com.cn
发　　行 / 社会科学文献出版社（010）59367028
印　　装 / 三河市东方印刷有限公司

规　　格 / 开　本：880mm×1230mm 1/32
　　　　　 印　张：10.5　字　数：202千字
版　　次 / 2020年4月第1版　2022年2月第2次印刷
书　　号 / ISBN 978-7-5201-6052-0
著作权合同
登 记 号 / 图字01-2018-8779号
定　　价 / 69.00元

读者服务电话：4008918866

▲ 版权所有　翻印必究